家用和类似用途饮用水处理内芯和装置及其安装维护标准宣贯教材

全国家用电器标准化技术委员会　编著

中国质检出版社
中国标准出版社
北　京

图书在版编目(CIP)数据

家用和类似用途饮用水处理内芯和装置及其安装维护标准宣贯教材/全国家用电器标准化技术委员会编著.—北京:中国标准出版社,2015.3
ISBN 978-7-5066-7853-7

Ⅰ.①家… Ⅱ.①全… Ⅲ.①饮水器-水处理-标准-中国-教材 Ⅳ.①TM925.59-65

中国版本图书馆 CIP 数据核字(2015)第 045484 号

中国质检出版社
中国标准出版社 出版发行
北京市朝阳区和平里西街甲 2 号(100029)
北京市西城区三里河北街 16 号(100045)
网址:www.spc.net.cn
总编室:(010)68533533 发行中心:(010)51780238
读者服务部:(010)68523946
中国标准出版社秦皇岛印刷厂印刷
各地新华书店经销
*
开本 880×1230 1/16 印张 10.5 字数 316 千字
2015 年 3 月第一版 2015 年 3 月第一次印刷
*
定价 45.00 元

本书编委会

前言

近几年我国家用净水器呈现爆发式增长态势，其品种、种类丰富多彩，规格多样，为改善人民群众的生活做出了积极的贡献。到目前为止，国内各种净水器生产企业超过千家，但形成规模的很少，产品质量参差不齐，消费者利益很难得到保障。而净水器依据原卫生部《卫生部涉及饮用水卫生安全产品检验规定》(2001)进行检测，获得卫生批件才可生产销售。因此，多数生产企业只关注检验规定，而相关标准却知之甚少，这就造成了一些企业只知道卫生安全，而忽视电气安全、结构安全和性能的局面，使得产品质量较国际水平存在较大差距。

为了保护企业和消费者的合法权益，提高净水器行业的整体质量水平，全国家用电器标准化技术委员会组织制定了GB/T 30306—2013《家用和类似用途饮用水处理内芯》、GB/T 30307—2013《家用和类似用途饮用水处理装置》、QB/T 4692—2014《家用和类似用途净水机维修维护服务规范》和QB/T 4693—2014《家用和类似用途连续式净水机安装规范》国家和行业标准。

为了提高企业的质量意识，促进行业健康发展，更好地贯彻实施国家和行业标准，全国家用电器标准化技术委员会组织中国家用电器研究院净水器性能研究与测试中心的相关专家，编写了《家用和类似用途饮用水处理内芯和装置及其安装维护标准宣贯教材》一书。

宣贯教材涉及部件、产品整机的性能以及安装等方面的标准。为了做好这些标准的宣贯工作，教材对应标准各章条，详细地说明和讲解了标准的内容，望能为使用者准确地理解标准文本内容提供必要的参考。教材的编写得到了浙江沁园水处理科技有限公司的大力支持，在此表示感谢。

鉴于我们的水平有限，本宣贯教材可能会有疏漏及不当之处，敬请广大读者能够予以批评指正。

全国家用电器标准化技术委员会

2015 年 1 月

目录

第 1 部分

GB/T 30306—2013

《家用和类似用途饮用水处理内芯》

第1章　范　　围

一、概述

本章阐述了标准的内容提要以及标准适用的产品类型。目的是明确标准的使用范围，以便标准的正确实施。

二、条款解释

本标准规定了家用和类似用途饮用水处理内芯的术语和定义、分类与命名、技术要求、试验方法、检验规则及标志、包装、运输、贮存。

本标准适用于家用和类似用途饮用水处理内芯（以下简称“饮用水处理内芯”）。

▶ 理解要点：

(1) 本标准所涉及的具体内容包括：适用范围、术语和定义，分类与命名、基本要求、试验方法、检验规则及标志、包装、运输、贮存。

(2) 本标准所适用的对象：家用和类似用途饮用水处理内芯。

第2章　规范性引用文件

一、概述

本章给出了标准中引用文件目录，便于在使用过程中查阅相关的资料内容。

二、条款解释

下列文件对于本文件的应用是必不可少的。凡是注日期的引用文件，仅注日期的版本适用于本文件。凡是不注日期的引用文件，其最新版本（包括所有的修改单）适用于本文件。

GB/T 191　包装储运图示标志

GB/T 1019　家用和类似用途电器包装通则

GB/T 2828.1　计数抽样检验程序　第1部分：按接收质量限（AQL）检索的逐批检验抽样计划

GB/T 2829　周期检验计数抽样程序及表（适用于对过程稳定性的检验）

GB 4706.1　家用和类似用途电器的安全　第1部分：通用要求

GB 5749　生活饮用水卫生标准

GB/T 5750.1～5750.13—2006　生活饮用水标准检验方法

GB 8537　饮用天然矿泉水

GB/T 8538　饮用天然矿泉水检验方法

GB/T 17218　饮用水化学处理剂卫生安全性评价

GB/T 17219　生活饮用水输配水设备及防护材料的安全性评价标准

CJ/T 43—2005　水处理用滤料

CJ 3023—1993　活性炭净水器

CJ/T 3041—1995　水处理用天然锰砂滤料

HY/T 050　中空纤维超滤膜测试方法

HY/T 051　中空纤维微孔膜测试方法

理解要点：

(1) 引用标准应注意是否是有效版本。

(2) 引用标准中没有年号的标准使用最新版本。

(3) 引用标准中未提及的标准修订文件不适用于本部分。

(4) 所列出的标准中，其被引用的条款，成为本标准的条款；并不是列出标准的全部内容都是本标准的条款。

(5) 标准引用的必要性，如：

a) 包装、包装标志的标准引用

GB/T 191《包装储运图示标志》规定了包装储运图示标志的名称、图形符号、尺寸、颜色及应用方法，适用于各种货物的运输包装。

GB/T 1019《家用和类似用途电器包装通则》规定了家用和类似用途电器包装的术语定义、技术要求、试验方法、标识等内容，适用于家用和类似用途电器的包装。

为了规范装置的包装储运图示标志、明确装置的包装要求，本标准的“8.2 包装”中引用了这两个标准。

b) 检验规则的标准引用

GB/T 2828.1《计数抽样检验程序　第1部分：按接收质量限(AQL)检索的逐批检验抽样计划》规定了一个计数抽样检验系统，其促使供方将过程平均质量水平值至少保持在和规定的接收质量限一样好，适用于最终产品、零部件和原材料、在制品、库存品、数据或记录等的检验。

GB/T 2829《周期检验计数抽样程序及表(适用于对过程稳定性的检验)》规定了以不合格质量水平(用不合格品百分数或每百单位产品不合格数表示)为质量指标的一次、二次、五次抽样方案(规定了样本量和有关接收准则的一个具体方案)及抽样程序(使用抽样方案判断批合格与否的过程)，其适用于对过程稳定性的检验。

本标准“7.2 出厂检验”、“7.3 型式检验”中分别引用了这两个标准，用以规定产品的出厂检验、型式检验的抽样。

c) 水质要求及检验方法的标准引用

1) GB 5749—2006《生活饮用水卫生标准》规定了生活饮用水水质卫生要求、生活饮用水水源水质卫生要求、集中式供水单位卫生要求、二次供水卫生要求、涉及生活饮用水卫生安全产品卫生要求、水质监测和水质检验方法。

本标准除特别规定的指标外，其余指标引用(GB 5749—2006)《生活饮用水卫生标准》，将其规定的要求作为内芯应达到的最低标准(见本标准的“5.4.1 出水水质”中内容)。

2) GB/T 5750.1～5750.13—2006《生活饮用水标准检验方法》规定了生活饮用水水质检验的基本原则、要求、方法，适用于生活饮用水水质检验，也适用于水源水和经过处理、储存和运输的饮用水的水质检验。

本标准 6.3 、6.4 等中引用 GB/T 5750.1～5750.13—2006《生活饮用水标准检验方法》，作为内芯材料浸泡试验、水质检验、评价的方法。

3) GB/T 8538《饮用天然矿泉水检验方法》规定了天然矿泉水水质的检验方法，在本标准“6.4.5.2”中引用。

d) 其他标准、文件的引用

1) CJ/T 43—2005、CJ3023—1993、CJ/T 3041—1995、HY/T 050、HY/T 051 等，均在本标准相关章节中被引用。

2) GB 4706.1《家用和类似用途电器的安全 第 1 部分：通用要求》为所有家用及类似用途电器的强制性安全标准，本标准所规定的饮用水处理装置内芯涵盖有涉电产品，无论是范围还是实质，都必须遵守上述标准。

第 3 章　术语和定义

一、概述

本章对在标准中使用的非通用名词、术语给出了明确的含义，目的是使标准结构简单、避免混淆概念。这些定义在没有特殊说明的情况下只在本标准内使用。

二、条款解释

3.1

饮用水处理内芯　drinking water treatment core

能改善水质的家用和类似用途水处理装置的部件。

理解要点：

(1) 该部件为包含一种或多种水处理材料及一定结构件的组件。

(2) 该部件具有改善水质的功能。

(3) 一般情况下，该部件具有进、出水口。

3.2

过滤　filtration

通过滤料、滤膜或饮用水处理内芯滤除水中杂质的过程。

理解要点：

(1) 过滤的实质就是用纯物理的方法滤除水中杂质的过程。

(2) 水中的杂质，可以理解为除水(H_2O)以外的所有物质，包括可溶性的和不溶性的。

(3) 不溶性物质包括机械杂质、胶体、细菌及其他微生物等，上述杂质基本以颗粒物形式存在于水中；可溶性杂质包括以离子形式存在的无机盐类及能溶解于水的有机物等。

(4) 分离程度取决于过滤精度。过滤精度取决于所选用的过滤材料、用量及工艺设计等。

3.3

吸附　adsorption

液体、气体、溶解性或悬浮性物质粘附到另一种介质表面或进入其孔隙的物理过程。

理解要点：

(1) 作为吸附剂的介质为固体，其具有较大的表面积或较多的孔隙。

(2) 吸附可分为物理吸附和化学吸附。如果吸附剂与被吸附物质之间是通过分子间引力(即范德华力)而产生吸附，称为物理吸附；在物理吸附过程中，被吸附物质不改变原来的性质；如果吸附剂与被吸附物质之间产生化学作用，生成化学键引起吸附，称为化学吸附。

3.4

粗滤 coarse filter

以压力为驱动力，分离大于 1 μm 以上的颗粒的过程。

理解要点：

(1) 粗滤的目的在于去除原水中 1 μm 以上的大颗粒杂质，可以显著改善原水浊度，同时有助于保证后续过滤内芯充分发挥功效，延长使用寿命。

(2) 粗滤的条件：

a) 滤材与水充分接触；

b) 水处于流动状态——必须保持一定的水压。

(3) 粗滤滤材(滤料)被广泛采用的材料有石英砂、锰砂、熔喷 PP 及 PP 无纺布、平板膜等。

(4) 粗滤根据滤材的不同，其过滤机理也有所不同。一般分为表层过滤和深层过滤。表层过滤如 PP(或尼龙)平板膜；深层过滤如石英砂等，由于黏附、架桥、水中颗粒杂质在流动过程的碰撞、堆积，逐渐沉积于滤材颗粒间的间隙中，而从水中分离。

(5) 截留物的去除，最常见的方式有：

a) 轴向正、反冲洗：大水量的高速冲洗，使截留物脱除，必要时可采用辅助气源，进行气液刷洗；

b) 切向大水量冲刷；

c) 更换滤料或内芯。

3.5

微滤 microfiltration

以压力为驱动力，分离 0.1 μm～1 μm 的微粒的过程，简称为 MF。

3.6

超滤 ultrafiltration

以压力差为动力，分离分子量范围为几百～几百万，膜孔径约 0.001 μm～0.2 μm 的物理筛分过程，简称为 UF。

理解要点：

(1) 微滤和超滤同属于微孔膜范畴。微孔过滤是一种物理筛分过程，其功能在于截留分子量为几百至几百万的物质，包括大分子有机物、微生物等，而不是以脱盐为目的。

(2) 微孔膜的孔径为一个范围值：微滤在 0.1～1 μm，超滤为 0.001～0.2 μm(见图 1-1)。

(3) 在学术领域，微滤膜的过滤精度一般用孔径表示，而超滤的过滤精度一般用切割分子量来表征，本标准为直观表达，便于消费者理解，采用了切割分子量和孔径的双重方式表述。

(4) 微滤和超滤过程均以压力为驱动力，用于溶液体系中的物质分离。

(5) 膜的材料分为有机高分子和无机高分子材料。

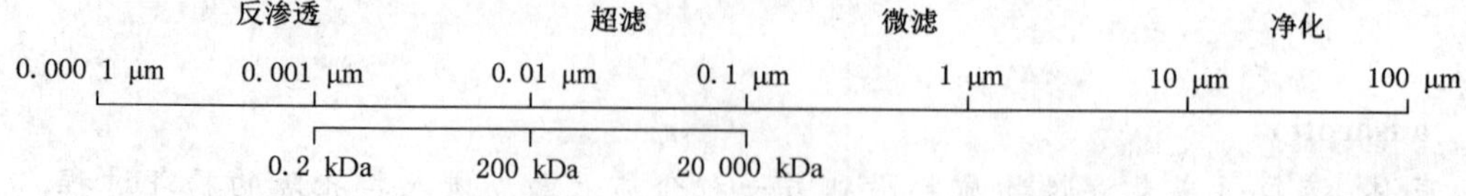

图 1-1 膜分离图谱

3.7

纳滤 nanofiltration

以压力为驱动力，用于脱除二价及二价以上的多价离子和分子量 200 以上的有机物的膜分离过程，简称为 NF。

理解要点：

(1) 纳滤技术是继反渗透后出现的一种新的分离技术，其分离机理基本和反渗透一致。

(2) 纳滤理论精度为 0.001～0.005 μm，略大于反渗透，因此其所需工作压力低于反渗透，早期被称为“松散反渗透”。

(3) 纳滤的作用在于去除二价及二价以上离子和分子量 200 以上的物质，对一价离子的去除率较低，其综合脱盐率低于反渗透。

3.8

反渗透　reverse osmosis

在膜的进水一侧施加比溶液渗透压高的外界压力，只允许溶液中水和某些组分选择性透过，其他物质不能透过而被截留在膜表面的过程，简称为 RO。

理解要点：

(1) 反渗透的概念始于渗透现象。当把只允许水透过的高分子半透膜作为介质，两侧分别是盐水和纯水时(见图 1-2)，由于纯水侧水的浓度高于盐水侧的水的浓度，纯水将向盐水侧扩散透过，这种浓度差异导致的迁移过程，就是渗透。它是自然界中在生物体内存在的一个普遍现象。

(2) 反渗透是一种由人类创造力产生的非自然现象或一种水溶液分离技术，其原理是通过施加机械外压、克服浓度差导致的逆向迁移(即在压力作用下，低浓度侧的水向高浓度侧迁移)的过程。

(3) 反渗透仅适用于液相体系(在本标准中，特指水溶液体系)中溶质和溶剂的分离。

(4) 反渗透现象必须在外界压力作用下发生，且压力必须高于水溶液的渗透压。

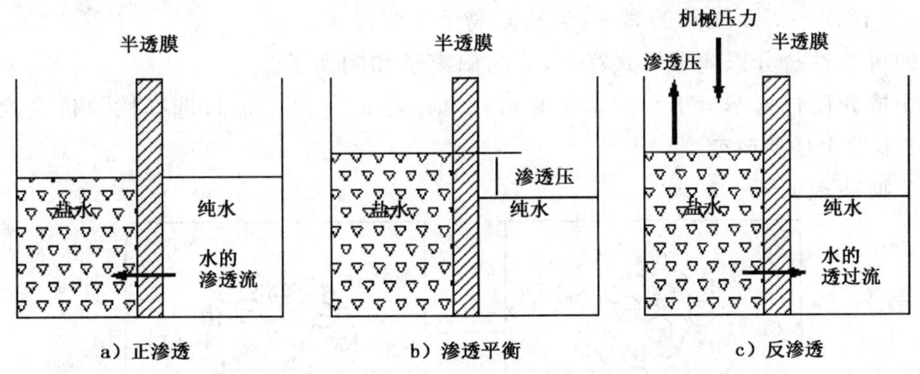

图 1-2　渗透-反渗透示意图

3.9

截留率　rate of rejection

膜内芯截留特定组分占液体中该组分总量的质量比率。

理解要点：

(1) 指对原水中的某一种或某一类物质的脱除效率。

截留率以公式表示即为：$[(M_0-M_1)/M_0]\times100\%$

式中：M_0——进水中某类物质的总含量；

M_1——去除后，水中某类物质剩余的总含量。

(2) 由专业机构检测。

(3) 截留率指对某一种或某一类的特定物质，一般用于表征对毒理性物质及微生物类的处理效果，如重金属、亚硝酸盐、细菌等，该类物质易于量化检验。

3.10

矿化　mineralization

向水中添加一种或若干种有益于人体的矿物质成分的过程。

理解要点：

(1) 为什么要矿化

a) 对某些特定人群或特殊场合而言，日常饮食生活不足以摄取人体必需的矿物质。

b) 天然矿泉水资源有限。

c) 人工矿化是一种极为便利、较为低廉的饮用水处理方法。

(2) 矿化的原则

a) 添加对人体有益且易于通过饮水形式被人体吸收的矿物质；

b) 所选用的水处理材料除向水中释放设定的矿物质外，不得释放其他有害杂质；

c) 所添加矿物质的种类及溶出浓度，必须符合 GB8537《饮用天然矿泉水》的要求。

3.11

离子交换　ion exchange

在溶液中存在的离子与离子交换固体介质之间有可逆性交换的化学作用，而对固体结构无任何改变的过程，简称为 IE。

理解要点：

(1) 离子交换是指利用人体可接受的、符合人体健康要求的或者最终生成对人体无害的交换介质的可溶性离子，交换水中需要去除的离子，包括阳离子及阴离子。

(2) 水中的可溶性盐分以离子形式存在，分为阳离子和阴离子。

(3) 离子交换介质包含不溶于水的基质和可以和水中部分离子进行选择性等价交换的离子，在交换过程中，基质不发生任何改变。

(4) 离子交换原理见图 1-3。

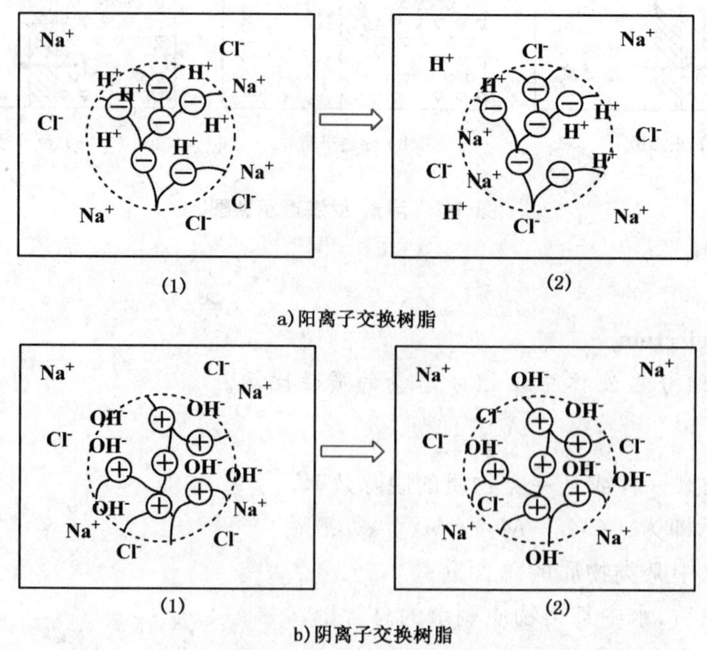

图 1-3　离子交换示意图

3.12

水的总硬度　total hardness of water

水中易于形成沉淀物的金属离子总浓度，以水中钙、镁离子总浓度表示。

理解要点：

(1) 水中有些金属阳离子，同一些阴离子结合在一起，在水被加热的过程中，由于蒸发浓缩，容易形成水垢，我们将这些金属离子的总浓度称为水的硬度。

(2) 水的硬度绝大部分由钙、镁离子组成，因此，通常把钙、镁离子的总浓度称为水的硬度。

(3) 国际上水硬度的表示方法很多，在我国根据 GB 5749，用 $CaCO_3$ 含量表示，单位为 mg/L。

3.13

软化　soften

降低水的总硬度的过程。

理解要点：

(1) 水根据其碳酸钙浓度的含量，大致可作如下划分：

0～75 mg/L——极软水；　75～150 mg/L—— 软水；　150～300 mg/L—— 中硬水；
300～450 mg/L—— 硬水；　450～700 mg/L——高硬水；　700～1 000 mg/L——超高硬水；
>1 000 mg/L 特硬水

(2) 降低总硬度的过程就是指去除水中钙、镁离子的过程，即让水由“硬”变“软”的过程，该过程称为“软化”。

(3) 有很多种技术手段可以实现钙、镁离子的去除，不限于传统观念上的阳离子交换。

3.14

软化效率　efficiency of inteneration

水的总硬度的降低量与处理前水的总硬度的比值，用百分数表示。

理解要点：

(1) 软化的目的在于降低硬度。

(2) 软化效率可以用下式表示：

$$[(H_0-H_1)/H_0]\times100\%$$

式中：H_0——软化前水的硬度；

H_1——软化后水的硬度。

3.15

再生　regeneration

采用化学方法恢复介质的水处理功能的维护过程。

理解要点：

(1) 水处理滤材(介质)在工作一段时间后，经过不断地(吸附或交换)积累后，会达到饱和，从而失去处理能力。

(2) 某些滤材可以通过适当的技术手段，采用化学方法，恢复其处理功能，而恢复的过程，称为“再生”。

（3）在某些大型水处理设备中，对活性炭滤料采用高温蒸汽熏蒸、活化，使其恢复或部分恢复功能，所采用的“再生”方法为物理方法，但该方法在饮用水处理装置中不适合采用，故该方法不属于本标准范畴。

3.16

纯水通量　pure water flux

在一定的温度和压力下，以纯水为介质，单位时间内透过内芯的纯水量。单位为升每小时(L/h)。

理解要点：

（1）某些特定的水处理材料，在采用自来水作通量测试的过程中，因为杂质的截留，会影响通量的测试，导致结果的衰减，比方超滤膜。

（2）各地自来水水质不同，导致测试结果出现差异，而采用纯水作测试介质，会消除差异性。

3.17

最低通量　minimum pure water flux

在一定的温度和压力下，单位时间内透过单位面积滤膜的纯水量的最小值。单位为立方米每平方米每小时[$m^3/(m^2 \cdot h)$]。

理解要点：

（1）作为膜组件设计的基础数据。

（2）产品定型时确认产品是否符合设计要求的基础数据。

3.18

净水流量　purified water flow rate

在规定的运行条件下，制造商标称的单位时间内的产水量，单位为升每小时(L/h)。

理解要点：

（1）符合5.1规定的使用条件或者在此条件范围内制造商给定的运行条件。

（2）在额定使用周期内，水质必须符合本标准要求。

（3）该指标反映了“内芯”的制水能力。

3.19

总净水量　total production capacity

在规定的运行条件下，饮用水处理装置的出水水质符合要求且净水流量不少于标称净水流量时，其任一净化单元进行再生或更换时的累积产水量，单位为升(L)。

理解要点：

（1）符合5.2规定的使用条件或者在此条件范围内制造商给定的运行条件。

（2）“额定总净水量”与“额定使用周期”的关系如下：

a）在“内芯无法或不能清洗、再生的情况下，当“额定使用周期”以处理水的体积表示时，其“额定总净水量”与“额定使用周期”是相等的。

b）在内芯可清洗或可再生的情况下，“额定总净水量”大于“额定使用周期”(当“额定使用周期”以处理水的体积表示时)。

第 4 章　分类与命名

一、概述

本章对适用于本标准的器具作了分类。

二、条款解释

4.1　分类

按水处理原理分为：

a)　粗滤内芯(CX)：具备粗滤功能的内芯，包括石英砂、无烟煤、天然锰砂、陶瓷、PP 棉等为滤料的内芯。

理解要点：

(1) 用于过滤较大粒径的机械杂质，一般作为预处理单元。

(2) 部分材料兼具其他作用，但过滤为主要作用，如无烟煤有吸附功能，天然锰砂有催化功能等。

b)　膜内芯(MX)：以膜元件为核心构成的内芯，包括微滤(MF)内芯、超滤(UF)内芯、纳滤(NF)内芯、反渗透(RO)内芯等。

理解要点：

(1) 内置膜元件的处理单元。

(2) 膜元件的水处理方式为物理方式。

c)　吸附内芯(XX)：具备吸附功能的内芯，包括以颗粒活性炭(GAC)、活性炭棒(SAC)、活性炭纤维(FAC)、吸附树脂、陶瓷颗粒等为滤料的内芯。

理解要点：

装填有吸附性水处理材料的处理单元。

d)　矿化内芯(KX)：具备矿化功能的内芯，主要包括以矿化球(MB)、麦饭石(MS)等为滤料的内芯。

理解要点：

具备矿化作用的处理单元。

e)　离子交换内芯(LX)：具备和水中离子进行可逆性交换能力的内芯，包括以阴离子交换树脂、阳离子交换树脂等为滤料的内芯。

理解要点：

(1) 内置具备离子交换功能的水处理材料的过滤单元。

(2) 其填装材料为可再生型的，即离子交换反应为可逆性反应。

f)　复合内芯(FX)：具备两种或两种功能以上的内芯。

理解要点：

(1) 各功能滤料可以混装，也可以分段安装；

(2) 各功能滤料在设计时力求保证性能参数匹配，便于维护更换。

g) 其他内芯(QX)：上述功能以外的内芯，包括电渗析(ED)、铜锌合金(KDF)等内芯。

理解要点：

(1) 无法用功能类别描述的。

(2) 同类型品种过于单薄的。

(3) 电渗析、KDF 的水处理机理为化学反应。

4.2 命名

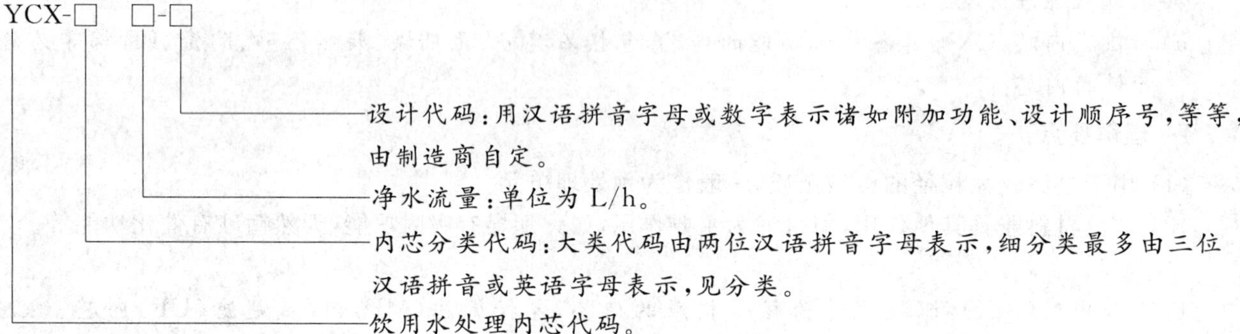

举例：YCX-MXUF3-802，YCX 表示饮用水处理内芯；MXUF 表示膜内芯中的超滤内芯；3 表示初始净水流量为 3 L/h；802 表示制造商设计顺序号。

理解要点：

(1) “YCX”为“饮用水处理装置内芯”的汉语拼音缩写。

(2) 功能代码，见 4.1 分类中的原理分类及其缩写拼音字母；可以由多类代码复合组成。对于由多种功能构成的复合内芯，可以用其主要功能内芯分类代码表达。

(3) 流量：根据标称净水流量并取整。

(4) 设计代码由企业自定，可以根据设计年份、过滤级数、主要原料材质(如外壳)等编制。

第 5 章　技术要求

一、概述

本章对内芯的使用条件、外观、结构、元器件的安全性能、净化指标等提出了具体要求，目的是使产品性能能够达到一个统一的基本功能要求，同时为制造企业在设计和制造产品过程中提供一个明确的目标。

二、条款解释

5.1 正常使用条件

理解要点：

“正常使用条件”是保证内芯正常工作所必需的条件，其水源、电源、水温和环境等符合制造商的标称规定。

5.1.1　进水温度：5 ℃～38 ℃；

理解要点：

(1) 构成内芯的绝大部分元器件为高分子有机材料制品，包括承压容器、过滤材料等，其安全性、稳定性等指标受温度的影响较大。当水温超过规定范围时，会对其使用性能和安全性能带来隐患。

(2) 膜内芯的性能指标与水温有直接关系，如水温对产品的净水流量、脱盐率及水质等，有明显影响，以净水流量为例，因为反渗透膜的通量和水温基本为正相关关系，即以 25 ℃为基准，温度每变化 1 ℃，膜的通量约变化 3%，且随温度升高而增加。当水温过低时，会导致不出水甚至膜元件的损坏。

(3) 当内芯的使用条件不符合本条款规定时，某些实测性能指标可能会与制造商标称数据有所不同，但不能因此判断所使用产品为不规范产品。

5.1.2　环境温度：4 ℃～40 ℃；

理解要点：

(1) 现阶段，塑料材质被广泛采用，对使用环境温度有一定的要求。

(2) 环境温度对水温有直接影响，水温对性能的影响见 5.1.1 之理解要点。

5.1.3　环境相对湿度：≤90%RH；

理解要点：

(1) 空气湿度的影响，主要表现在对钣金件的锈蚀和产生的电器件安全隐患。

(2) 当空气湿度过大时，表面形成的冷凝液，易导致对某些控制功能产生误判。

5.1.4　进水水质：按设计要求；

理解要点：

所有内芯的设计，均基于一定或设定的水质。

5.1.5　进水压力：按设计要求。

理解要点：

(1) 结构件的承压能力和设计压力直接相关。

(2) 内芯的性能和进水流量相关，而流量和水压相关。

5.2　外观

5.2.1　饮用水处理内芯外观应清洁、整齐、无污渍、无锈蚀。

理解要点：

(1) 内芯是与水直接接触的产品，对其本身的卫生性能有严格要求，因此，在产品制造、运输、储存过程中，必须保证产品的清洁度，如表面无污渍、容器管道内无积水、所提供的滤芯配件等包装无破损等；

(2) 外观整齐，便于安装、调试及维护。

(3) 金属构件一般为承重件或骨架，对强度及寿命有较高要求，因此，要求金属构件具备防腐性能。

5.2.2　饮用水处理内芯外露结构件表面应平整光滑、色泽均匀。

理解要点：

(1) 外露结构件不应存在对操作、使用、维护等人员造成伤害的结构缺陷。

(2) 外露结构件一般为防护件或承压件，对强度及工艺性能均有要求。凹凸不平、灰白、色斑等是材料不良、制造工艺存在缺陷的体现。

(3) 非设计原因而形成的色差，虽不会影响产品的使用性能，但会影响产品的美观。

5.2.3 涂(镀)层表面应平整光洁、色泽均匀。

理解要点：

(1) 用于区分新旧滤芯，便于更换。

(2) 防止新旧滤芯混淆。

5.3 卫生安全

5.3.1 饮用水处理内芯中使用的化学处理剂应符合 GB/T 17218 要求。

理解要点：

(1)《生活饮用水化学处理剂卫生安全评价规范》(2001)规定了生活饮用水化学处理剂的卫生安全要求和监测检验方法，适用于混凝、絮凝、助凝、消毒、氧化、pH 调节、软化、灭藻、除垢、除氟、除砷、氟化、矿化等用途的生活饮用水化学处理剂。生活饮用水的化学处理剂有：聚合氯化铝、硫酸铁、氟化钠、氟硅酸钠、次氯酸钠等 19 种。

(2) 使用化学处理剂处理后，水的一般感官指标应符合 GB 5749 的要求。

(3) 饮用水化学处理剂带入饮用水中的有毒物质是 GB 5749 中规定的物质时，该物质的容许限值不得大于相应规定限值的 10%。规定的有毒物质分为四类：

金属：砷、硒、汞、镉、铬、铅、银，其中汞的限量为 0.000 2 mg/L；

无机物：取决于产品的原料、配方和生产工艺；

有机物：取决于产品的原料、配方和生产工艺；

放射性物质：直接采用矿物为原料的产品应测定总 α 放射性和总 β 放射性。

(4) 饮用水化学处理剂带入饮用水中的有毒物质在 GB 5749 中未做规定时，可参考国内外相关标准判定，其容许限值不得大于相应限值的 10%。

(5) 如果饮用水化学处理剂带入饮用水中的有毒物质无依据可确定容许限值时，必须按《生活饮用水化学处理剂卫生安全评价规范》(2001)附录 B 确定该物质在饮用水中最高容许浓度，其容许限值不得大于该容许浓度的 10%。

5.3.2 饮用水处理内芯与水接触材料及零件应符合 GB/T 17219 要求。

理解要点：

(1) “与水接触材料及部件”是指用饮水处理装置在使用时，进水从“原水”转化为“净化水”的全过程中，水流经过的所有管道接头、过滤单元(包括滤芯及滤芯外壳)、加压及控制元件、水储存装置及取水器具(水龙头等)。

(2) 饮用水处理内芯中所有与水接触的材料的浸泡试验的卫生要求必须符合《生活饮用水输配水设备及防护材料卫生安全评价规范》(2001)中表 1 和表 2 的要求。

(3) 所有样品应检验表 1 的全部项目，并根据样品的种类、性质按《生活饮用水输配水设备及防护材料卫生安全评价规范》(2001)中表 3 确定输配水设备浸泡试验增测检验项目；按《生活饮用水输配水设备及防护材料卫生安全评价规范》(2001)中表 4 确定防护材料浸泡试验选测检验项目；按《生活饮用水输配水设备及防护材料卫生安全评价规范》(2001)中表 5 确定水处理材料浸泡试验选测检验项目。

(4) 与饮用水接触的防护材料浸泡试验共进行 30 天。第 1 次(浸泡第 1 天)和第 6 次(浸泡第 30 天)的浸泡水检验项目为 GB 5749 表 1 中“感官性状和一般化学指标”和“毒理指标”全部项目以及《生活饮用水输配水设备及防护材料卫生安全评价规范》(2001)中 4.1 条中规定项目。其余四次检验的项目为《生活饮用水输配水设备及防护材料卫生安全评价规范》(2001)中表 1 所列基本项目和第 1 次检验中的超标项目。

5.3.3　内芯的卫生安全应符合国家卫生管理部门相关规范要求。

理解要点：

(1) 饮用水处理内芯中所有与水接触的材料的浸泡试验的卫生要求必须符合《生活饮用水输配水设备及防护材料卫生安全评价规范》(2001)中表 1 和表 2 的要求；

(2) 所有样品应检验《生活饮用水输配水设备及防护材料卫生安全评价规范》(2001)中表 1 的全部项目,按《生活饮用水输配水设备及防护材料卫生安全评价规范》(2001)中表 5 确定水处理材料浸泡试验选测检验项目。

(3) 还应参考《卫生部涉及饮用水卫生安全产品检验规定》(2001)中 3.3 的要求进行检验。

5.4　电气安全

饮用水处理内芯电气部分的安全应符合 GB 4706.1 要求。

理解要点：

GB 4706.1《家用和类似用途电器的安全　第 1 部分:通用要求》是所有家用和类似用途电器均需执行的强制性安全标准,其规定了单相器具额定电压不超过 250 V,其他器具电压不超过 480 V 的家用和类似用途电器的安全要求。

在饮用水处理装置的电气安全方面,大致可分为以下 3 类情况：

a) 不带电,此类情况下净水器不存在电气安全问题。

b) 带有特低电压,此类情况下净水器的安全适用于 GB 4706.1 中的特低电压部分。

c) 带有市电,此类情况下净水器的安全适用于 GB 4706.1 中的非特低电压部分。

5.5　性能指标

5.5.1　出水水质

饮用水处理内芯的出水水质应符合中华人民共和国国家卫生管理部门相关法规及 GB 5749 的要求。

理解要点：

(1) GB 5749 是生活饮用水安全的基本要求。

(2) 对某些功能宣称的指标,应达到设计要求,且不能低于 GB 5749 要求。

(3) 卫生部上述规范规定了某些特殊指标的要求,没有列举的其他所有指标应符合 GB 5749 的要求。纳滤内芯和反渗透内芯的出水水质还需符合表 1-1 要求。

表 1-1　出水水质卫生要求

指标	限值
色度	5 度
浑浊度	1 度(NTU)
臭和味	不得有能觉察的臭和味
肉眼可见物	不得含有
pH 值	≥5.0
铅	0.01 mg/L
砷	0.01 mg/L

表 1-1（续）

指标	限值
挥发酚类(以苯酚计)	0.002 mg/L
耗氧量	1.0 mg/L
三氯甲烷	15 μg/L
四氯化碳	1.8 μg/L
细菌总数	20 CFU/mL
总大肠菌群	每 100 mL 水样不得检出
粪大肠菌群	每 100 mL 水样不得检出
注：视检和嗅觉的检测人员需要有相关的资质。测试过程中，有相应的基准。	

5.5.2 粗滤内芯要求

粗滤内芯所用的石英砂、无烟煤滤料应符合 CJ/T 43—2005 的要求。

天然锰砂滤料应符合 CJ/T 3041—1995 要求。

其余内芯应符合设计要求。

理解要点：

(1) 错误纠正：粗滤内芯所用的石英砂、无烟煤滤料应符合 CJ/T 43—2005 的要求。修改为粗滤内芯所用的石英砂滤料应符合 CJ/T 43—2005 的要求；粗滤内芯所用无烟煤滤料应符合 CJ/T 44—1999 的要求。

(2) 石英砂滤料的技术要求

a) 石英砂滤料的破碎率和磨损率之和不应大于 1.5%(百分率按质量计，下同)。

b) 石英砂滤料的密度不应小于 2.55 g /cm^3。使用中对密度有特殊要求者除外。

c) 石英砂滤料应不含可见泥土、云母和有机杂质，滤料的水浸出液应不含有毒物质。含泥量不应大于 1%，密度小于 2 g/cm^3 的轻物质的含量不应大于 0.2%。

d) 石英砂滤料的灼烧减量不应大于 0.7%。

e) 石英砂滤料的盐酸可溶率不应大于 3.5%。

f) 石英砂滤料的粒径：单层或双层滤料滤池的石英砂滤料粒径范围，一般为 0.5～1.2 mm。三层滤料滤池的石英砂滤料粒径范围，一般为 0.5～0.8 mm。在各种粒径范围的石英砂滤料中，小于指定下限粒径的不应大于 3%，大于指定上限粒径的不应大于 2%。石英砂滤料的有效粒径和不均匀系数，由使用单位确定。

(3) 无烟煤滤料的技术要求

a) 无烟煤滤料的破碎率和磨损率之和不应大于 3%(百分率按质量计，下同)。

b) 无烟煤滤料的平均密度一般不小于 1.4 g/cm^3，不大于 1.6 g/cm^3。使用中对平均密度有特殊要求者除外。

c) 无烟煤滤料应不含可见泥土、页岩和外来碎屑，滤料的水浸出液应不含有毒物质。含泥量不应大于 4%，密度大于 1.8 g /cm^3 的物质含量不应大于 8%。

d) 无烟煤滤料的盐酸可溶率不应大于 3.5%。

e) 无烟煤滤料的粒径：用作双层滤料的无烟煤粒径范围为 0. 8～1. 8 mm，用作三层滤料的无烟煤粒径范围为 0.8～1.6 mm；在各种粒径范围的无烟煤滤料中，小于指定下限粒径的不应大于 3%，大于指定上限粒径的不应大于 2%；无烟煤滤料的有效粒径和不均匀系数，由使用单位确定。

(4) 天然锰砂滤料的技术要求

a) 用于地下水除铁和除锰的天然锰砂滤料，其锰的形态应以氧化锰为主。含锰量(以 MnO_2 计，下同)不应小于 35%的天然锰砂滤料，既可用于地下水除铁，又可用于地下水除锰；含锰量为 20%～30%的天然锰砂滤料，只宜用于地下水除铁，含锰量小于 20%的锰矿砂则不宜采用。宜优先采用经过科学试验或生产使用证明能获得良好除铁和除锰效果的天然锰砂品种作滤料。

b) 天然锰砂滤料的平均密度一般在 3.2 g/cm³～3.6 g/cm³ 范围内。使用中对密度有特殊要求者除外。

c) 天然锰砂滤料的盐酸可溶率不应大于 3.5%(百分率按质量计，下同)。

d) 天然锰砂滤料的破碎率和磨损率之和不应大于 3%。

e) 天然锰砂滤料应不含肉眼可见泥土、页岩和外来碎屑，含泥量不应大于 2.5%。

f) 滤料的水浸出液应不含对人体有毒、有害物质。

g) 天然锰砂滤料的粒径：天然锰砂滤料的粒径范围，最小粒径为 0.5～0.6 mm，最大粒径为 1.2～2.0 mm。当对天然锰砂滤料的有效拉径和不均匀系数有特殊要求时，可按要求来选择滤料的粒径范围。在各种粒径范围的天然锰砂滤料中，小于指定下限粒径的不应大于 3%，大于指定上限粒径的不应大于 2%。

(5) 其余内芯根据整机工艺需求，其性能满足设计需要。

5.5.3　膜内芯要求

5.5.3.1　微滤内芯要求

微滤内芯的纯水通量和截留率应符合设计要求。

理解要点：

(1) 纯水通量：符合设计要求。

(2) 截留率：符合设计要求。

(3) 内芯是一个组件，而该组件的通量参数必须符合整个装置的设计要求。

5.5.3.2　超滤内芯要求

超滤内芯的纯水通量应符合设计要求，截留率应≥90%。

理解要点：

(1) 纯水通量：符合设计要求。

(2) 截留率：对特定物质的截留率大于 90%。

5.5.3.3　纳滤内芯要求

纳滤内芯的最低通量应不低于制造商标称值。二价离子的去除率不小于 90%。

理解要点：

(1) 最低通量：不低于制造商标称值。

(2) 去除率：对二价离子的去除率不小于 90%。

5.5.3.4 反渗透内芯要求

反渗透内芯的最低通量应不低于制造商标称值。脱盐率应不低于90%。

理解要点：

(1) 最低通量：不低于制造商标称值。

(2) 脱盐率不小于90%。

5.5.4 吸附内芯要求

5.5.4.1 活性炭吸附内芯应符合CJ 3023—1993的要求。

理解要点：

(1) CJ 3023—1993规定了以活性炭为主要吸附剂，以去除有机物为目的的饮用水净化器的技术要求。

(2) 进水耗氧量(高锰酸钾指数)COD_{Mn}为4.0 mg/L，溶解性有机碳DOC为6.0 mg/L时，在相对产水率的条件下运行的净水器的净水效率应符合表1-2要求：

表1-2 净水效率

项目	指标			
	A级产品相对产水率/min^{-1}		B级产品相对产水率/min^{-1}	
	1.0	0.2	1.0	0.2
额定相对总产水量到达前出水耗氧量COD_{Mn}瞬时去除率/%	≥25		≥15	
总溶解性有机碳DOC瞬时去除率/%	≥25		≥15	

5.5.4.2 其他吸附内芯按设计要求。

理解要点：

其他吸附材料目前还没有针对性的国家或行业标准，但必须达到设定的性能指标。

5.5.5 矿化指标

矿化内芯的矿化界限指标和限量指标应符合GB 8537的要求。

理解要点：

(1) 界限指标：在矿化内芯使用寿命内，任何一次检验，矿化水器出水中的矿物质和微量元素浓度应有一项(或一项以上)指标符合表1-3要求：

表1-3 界限指标

项目		指标
锂/(mg/L)	≥	0.20
锶/(mg/L)	≥	0.20(含量在0.20～0.40 mg/L范围时，水温必须在25 ℃以上)
锌/(mg/L)	≥	0.20
碘化物/(mg/L)	≥	0.20
偏硅酸/(mg/L)	≥	25.0(含量在25.0～30.0 mg/L范围时，水温必须在25 ℃以上)

表 1-3（续）

项目		指标
硒/(mg/L)	≥	0.01
游离二氧化碳/(mg/L)	≥	250
溶解性总固体/(mg/L)	≥	1 000

（2）限量指标：

在矿化内芯使用寿命内，任何一次检验，矿化水器出水中的矿物质和微量元素浓度应符合表 1-4 要求：

表 1-4　天然矿泉水限量指标

项 目		指 标
硒/(mg/L)	<	0.05
锑/(mg/L)	<	0.005
砷/(mg/L)	<	0.01
铜/(mg/L)	<	1.0
钡/(mg/L)	<	0.7
镉/(mg/L)	<	0.003
铬/(mg/L)	<	0.05
铅/(mg/L)	<	0.01
汞/(mg/L)	<	0.001
锰/(mg/L)	<	0.4
镍/(mg/L)	<	0.02
银/(mg/L)	<	0.05
溴酸盐/(mg/L)	<	0.01
硼酸盐(以 B 计)/(mg/L)	<	5
硝酸盐(以 NO_3^- 计)/(mg/L)	<	45
氟化物(以 F^- 计)/(mg/L)	<	1.5
耗氧量(以 O_2 计)/(mg/L)	<	3.0
^{226}镭放射性/(Bq/L)	<	1.1

5.5.6　离子交换内芯要求

阳离子交换内芯或混合离子交换内芯对水的总硬度的软化效率应不低于 50%。

理解要点：

(1) 阳离子交换内芯或混合离子交换内芯对水的总硬度的软化效率应不低于 50%。

(2) 总硬度的测试参照 GB/T 5750.4—2006 执行。

5.5.7　净水流量

饮用水处理内芯净水流量应不低于标称值。

▶ **理解要点：**

实际净水流量是指内芯通过运行，过滤单元达到寿命末期，即实际总净水量达到标称值时的实测值。

5.5.8 总净水量

总净水量应不低于标称值。

▶ **理解要点：**

(1) 在水处理内芯的使用寿命内，任一时刻的性能测试(如去除率、出水水质和净水流量等)均应满足相应的要求。

(2) 总净水量应不低于标称值。

第6章 试验方法

一、概述

本章提出了检验原则，对检验环境、检验方法进行了具体的说明，告诉使用者如何进行检验。

二、条款解释

6.1 一般试验条件

6.1.1 环境温度

特定要求除外，带膜单元的饮用水处理内芯为 25 ℃±2 ℃；其他饮用水处理内芯为 25 ℃±5 ℃。

▶ **理解要点：**

环境温度对试验水温有影响，因此环境温度应控制在影响最小的范围。

6.1.2 环境相对湿度

环境相对湿度≤90%。

▶ **理解要点：**

为保证试验的精准性及试验仪器的使用安全，对试验环境湿度提出一定的要求。

6.1.3 进水水温

特定要求除外，带膜单元的饮用水处理内芯为 25 ℃±1 ℃；其他饮用水处理内芯为 25 ℃±5 ℃。

▶ **理解要点：**

为保证测试结果的重复性，对试验条件作出规定。

6.1.4　进水水质

按各试验标准或设计规定要求。

理解要点：

(1) 对试验条件作出规定。

(2) 对不同类型的过滤材料，有标准遵循的，参照标准执行；无标准可对应的，按照设计要求进行。

6.2　外观试验

视检。

理解要点：

视检的关注点：

(1) 内芯外观是否清洁、是否整齐、有无污渍和有无锈蚀；

(2) 内芯外漏结构件表面是否平整光滑、是否色泽均匀；

(3) 涂(镀)层表面是否平整光洁、是否色泽均匀。

6.3　卫生安全试验

6.3.1　饮用水处理内芯的化学处理剂按 GB/T 17218 规定和国家卫生管理部门相关规定要求进行样品采集和配制，试验方法按 GB/T 5750.1～5750.13—2006。

理解要点：

(1) 化学处理剂按照卫生部《生活饮用水化学处理剂卫生安全评价规范》(2001)附录 A 要求进行样品采集和配制。

(2) 检验方法按照 GB/T 5750.1～5750.13 进行。

(3) 毒理学安全性评价程序和实验方法按照卫生部《生活饮用水化学处理剂卫生安全评价规范》(2001)附录 B 进行。

6.3.2　饮用水处理内芯与水接触材料及零件按 GB/T 17219 规定和国家卫生管理部门相关规定进行样品预处理及毒理学评价。试验方法按 GB/T 5750.1～5750.13—2006。

理解要点：

(1) 与水直接接触的器件(包括管道和容器等)、防护材料和水处理材料，按照《生活饮用水输配水设备及防护材料的安全性评价标准》附录 A 和附录 B 的规定进行试验。

(2) 检验方法按照 GB/T 5750.1～5750.13 进行。

(3) 毒理学安全性评价程序和实验方法按照《生活饮用水输配水设备及防护材料的安全性评价标准》附录 C 进行。

6.3.3　内芯卫生安全试验的浸泡、增加量限值、水样的采集步骤按国家卫生管理部门相关规定执行。试验方法按 GB/T 5750.1～5750.13—2006。

理解要点：

(1) 内芯整体的卫生安全性能先按照说明书明示的时间或水量进行冲洗，之后根据卫生部规定方法进行预处理，即用卫生部规定用水注入试验样机中冲洗 30 min，然后用卫生部规定用水充满试验样机，在(25±5)℃浸泡(24±1)h。

(2) 检验方法按 GB/T 5750.1～5750.13 的方法，检验感官性能指标、一般化学指标、毒理学指标、微生物指标的增量值。

6.4 电气安全试验

饮用水处理内芯的电气安全按 GB 4706.1 要求的方法试验。

理解要点：

(1) 带电类内芯，按照 GB 4706.1 的规定机型与之有关的电气安全指标测试。

(2) 无电源内芯，不必进行此项测试。

6.5 使用性能试验

6.5.1 出水水质试验

内芯的净水水质试验指标和采样方法分别按国家卫生管理部门的相关规定执行。

试验方法均按 GB/T 5750.1～5750.13—2006。

理解要点：

(1) 出水水质试验进水压力为(0.24±0.02)MPa。

(2)《卫生部涉及饮用水卫生安全产品检验规定》(2001)规定了各类涉水滤料的总体性能指标、方法及析出物浓度和稳定性的试验方法。

(3) 各理化指标的检验遵照 GB 5750.1～5750.13—2006。

6.5.2 粗滤内芯试验

粗滤内芯所用的石英砂、无烟煤按 CJ/T 43—2005 的规定进行试验；其余内芯按国家卫生管理部门相关规定进行。

理解要点：

(1) 粗滤内芯所用的石英砂按 CJ/T 43—2005 附录 A 中规定的试验的总则、取样及详细的检验方法进行测试。

(2) 粗滤内芯所用的无烟煤滤料按 CJ/T 44—1999 附录 A 中规定的试验的总则、取样及详细的检验方法进行测试。

(3) 粗滤内芯所用的无烟煤滤料按 CJ/T 3041—1995 附录 A 中规定的试验的总则、取样及详细的检验方法进行测试。

(4) 其余内芯应按相关规定进行测试。

6.5.3 膜内芯试验

6.5.3.1 微滤内芯的纯水通量按 HY/T 051 规定的方法试验。

6.5.3.2 超滤内芯的纯水通量和截留率按 HY/T 050 规定的方法试验。

6.5.3.3 纳滤内芯的试验方法见附录 B。

6.5.3.4 反渗透内芯的试验方法见附录 B。

理解要点：

(1) 规定了膜材料的测试内容：

微滤——纯水通量；

超滤——纯水通量、截留率；

纳滤及反渗透——通量及脱盐率。

(2) HY/T 051《中空纤维微孔滤膜测试方法》规定了微孔滤膜类产品纯水通过率的试验条件、方法，并规定了操作压力为0.1 MPa，温度为常温。

(3) HY/T 050《中空纤维超滤膜测试方法》规定了超滤膜类产品纯水通量、截留率的试验条件、方法，并规定了超滤膜的测试操作压力为0.1 MPa。

(4) 本标准附录B提供了纳滤、反渗透膜的通量和脱盐率的测试方法。

6.5.4 吸附内芯试验

6.5.4.1 活性炭吸附内芯的试验。将活性炭吸附内芯装入试验装置（见附录A），向储水箱中加入试验要求的水，采样方法按国家卫生管理部门相关规定。试验方法按GB/T 5750.7—2006。

理解要点：

(1) 配制耗氧量（高锰酸钾指数）COD_{Mn}为4.0 m g/L，溶解性有机碳DOC为6.0 mg/L的测试用水；

(2) 测试用水温度为25 ℃±5 ℃；

(3) 分别按上述标准取样、测定，以确定活性炭内芯对耗氧量、总溶解有机碳指标的瞬时去除率。

6.5.4.2 其他吸附内芯按国家卫生管理部门相关规定进行。

理解要点：

(1) 试验条件及方法参照《卫生部涉及饮用水卫生安全产品检验规定》(2001)。

(2) 涉及GB 5749—2006中的指标的测试按GB 5750.1～5750.13—2006方法进行。

6.5.5 矿化指标试验

采样方法按国家卫生管理部门相关规定。试验方法均按GB/T 8538中的规定。

理解要点：

(1) 试验条件及采样方法参照《卫生部涉及饮用水卫生安全产品检验规定》(2001)。

(2) 矿化指标按GB/T 8538规定的方法进行测试。

6.5.6 离子交换内芯软化效率试验

6.5.6.1 采样方法按国家卫生管理部门相关规定。

6.5.6.2 按GB/T 5750.4—2006中7.1规定的方法，测定净水的总硬度。通过计算，得出软化效率，以百分数表示。

理解要点：

(1) 取样按上述卫生部规范要求进行。

(2) 按GB/T 5750.4—2006中7.1规定的方法测定原水及出水总硬度。

(3) 按下式计算软化效率：

$[(H_0-H_1)/H_0]\times 100\%$

式中：H_0——软化前水的硬度；

H_1——软化后水的硬度。

6.5.7 净水流量试验

按产品说明书要求，将内芯组成为可以独立运行的试验样机并运行，当净水总量达到标称总净水量时，在出水口收集 300 s±2 s 的净水，测出其水量，每隔 5 min 收集一次，共收集三次，取三次测试值的算术平均值作为试验结果。

理解要点：

(1) 净水流量为内芯在使用周期末端时的最小流量，在此时，其性能(如出水水质、加标试验和矿化项目的浓度和稳定性)应符合本标准要求，因此，测试净水流量时，其性能为必须同时测定的指标。

(2) 净水流量试验进水压力为(0.24±0.02)MPa。

(3) 水质取样方法、测定指标按上述规定执行。

(4) 为保证数据的准确性，测量仪器的进度及测量方法，应按本标准规定执行。

6.5.8 总净水量

按国家卫生管理部门相关规定进行试验后最终符合要求时的净水总量，即为该内芯的总净水量。

理解要点：

净水量达到额定总净水量时，确认其性能(如，出水水质、加标试验和矿化项目的浓度和稳定性)和净水流量是否达到标准要求。

第7章 检验规则

一、概述

本章提出了产品的验收规则，产品检验分为例行检验和型式检验，并对每种检验需要检验的项目进行了规定。

二、条款解释

7.1 检验分为出厂检验和型式检验。

理解要点：

(1) 内芯随整机出厂时随整机一同检验，当内芯单独销售时，需要以成品形式进行出厂检验。

(2) 产品的检验类型有两种：出厂检验和型式检验。

(3) 出厂检验是产品交货的必经环节。

7.2 出厂检验

7.2.1 检验合格后才能出厂。

理解要点：

（1）制造商必须设置质量检验部门，且出厂产品只能由质量检验部门检验；

（2）出厂的产品必须确保为合格产品。

7.2.2　出厂检验项目、要求、检验方法、检验形式及不合格分类见表 1。

表 1　出厂检验项目

检验项目		要　求	检验方法	检验型式	不合格分类		
					A	B	C
外观		5.2	6.2	全检			√
电气安全	防触电保护	5.4	6.4	全检	√		
	泄漏电流和电气强度	5.4	6.4	全检	√		
	接地措施	5.4	6.4	全检	√		
菌落总数		5.5.1	6.5.1	抽检	√		
净水流量		5.5.7	6.5.7	抽检		√	
标志、合格证、包装、附件		8.1、8.2	视检	全检			√

理解要点：

（1）出厂检验项目为净水机使用者所关注的项目。

（2）非破坏性项目采用全检方式，破坏性项目采用抽检方式。

7.2.3　出厂检验的组批、抽样方案及判定按 GB/T 2828.1 的规定进行，其中检验水平和接收质量上限 AQL 值由制造企业根据自身的控制需要或按供需双方需要确定。

理解要点：

（1）抽样方法按 GB/T 2828.1 中的“8 样本的抽取”“9 正常、加严和放宽检验”“10 抽样方案”执行，检验项目可以由制造商按本标准 7.2.4、7.3.2 决定或由制造商与采购方协商。

（2）检验水平和接收质量上限 AQL 值可由制造商确定或供需双方共同确定。

7.2.4　微生物指标和电气安全（如有）如出现一项不合格，即判该批产品不合格。

理解要点：

微生物指标及电气安全项目，均为 A 类不合格，出厂产品不得出现 A 类不合格。

7.3　型式检验

7.3.1　型式检验每年进行一次。下列情况之一时，亦应进行型式检验：

a）新产品定型鉴定时；

b）更改主要原材料、零部件或更改工艺设计时；

c）停产半年后，恢复生产时；

d）国家质量监督机构或卫生监督机构要求检验时。

理解要点：

（1）型式检验项目包含了本标准第 5 章对净水机要求的所有性能、指标。

(2) 在正常连续生产情况下，型式检验可每年进行一次。当出现本标准所列举的特殊情况时，应立即进行型式检验。

(3) 新产品鉴定时的型式检验是为了验证各项性能指标是否符合产品设计要求或本标准要求。

(4) 工艺、原材料、零部件特别是涉水部件的更改，将对产品性能产生影响。

(5) 长时间的停产重新恢复时，会导致生产条件产生变化而影响整机性能，特别是零部件长时间的储存、供应商的变化等。

7.3.2 型式检验的项目见表2。

表2 型式检验项目

检验项目		要求	检验方法	不合格分类		
				A	B	C
外观		5.2	视检			√
卫生安全		5.3	6.3	√		
电气安全	防触电保护	5.4	6.4	√		
	泄漏电流和电气强度	5.4	6.4	√		
	接地措施	5.4	6.4	√		
净水水质		5.5.1	6.5.1	√		
粗滤内芯要求		5.5.2	6.5.2		√	
膜内芯要求		5.5.3	6.5.3		√	
吸附内芯要求		5.5.4	6.5.4		√	
矿化指标		5.5.5	6.5.5		√	
离子交换内芯要求		5.5.6	6.5.6		√	
净水流量		5.5.7	6.5.7		√	
总净水量		5.5.8	6.5.8		√	
标志、合格证、包装、附件		8.1、8.2	视检			√

理解要点：

所列举项目包含了本标准第5章的所有项目。

7.3.3 周期性的型式检验样本应从出厂检验合格的样品中随机抽取，抽样按GB/T 2829进行。采用判别水平Ⅰ的一次抽样方案，其样本大小、不合格质量水平，判定数组见表3。

表3 抽样方案

判别水平	抽样方案	样本大小	不合格质量水平					
			A类 RQL=30		B类 RQL=65		C类 RQL=100	
			Ac	Re	Ac	Re	Ac	Re
Ⅰ	一次	$n=3$	0	1	1	2	2	3

理解要点：

(1) 一次抽样方案是样本量、接收数和拒收数的组合。抽样方案不包括如何抽出样本的规则。

(2) A 类、B 类、C 类是指不合格分类，其 RQL 值随关注程度的降低而上升。

(3) 表中符号的意义：

n——样本量；

Ac——接收数；

Re——拒收数。

(4) 各数字代表的含义及具体操作方法，参照 GB/T 2828.1《计数抽样检验程序 第 1 部分：按接收质量限(AQL)检索的逐批检验抽样计划》及 GB/T 2829《周期检验计数抽样程序及表》(适用于对过程稳定性的检验)。

7.3.4 型式检验的卫生安全和电气安全应 100%合格。如有一项不合格，即判该周期产品不合格。

理解要点：

卫生安全及电气安全项目，均为 A 类不合格。出厂产品不得出现 A 类不合格。

7.3.5 型式检验的样品一律不得作为合格品交付用户。

理解要点：

型式试验中的某些项目为破坏性试验项目，试验后的产品一般会出现功能退化或丧失。

第 8 章 标志、包装、运输、贮存

一、概述

本章提出了产品上需要标明的基本的标志，并对包装要求、运输过程需注意的事项以及产品储存的环境做了相应的规定。产品的标志和说明书必须符合国家的相关法律、法规、强制性标准的要求，必须反映产品的真实属性，简明易懂、符合中国人的习惯，应当准确、科学，不得带有误导消费者的明示或者暗示，不得使用虚假、夸大的词语。

二、条款解释

8.1 标志

8.1.1 饮用水处理内芯应设置标识，标识上应至少标明下列内容：

a) 产品名称、规格型号；

b) 制造商名称；

c) 产品编号或制造日期；

d) 总净水量、净水流量、工作压力；

e) 执行标准号，卫生行政许可文号。

理解要点：

(1) 产品应设有铭牌，且位置明显。

(2) 铭牌至少包含以上列举的内容，必须注明执行的标准号。

(3) 所标注的内容应有助于产品的运输、销售、使用及产品的可追溯性。

(4) 内容应真实易懂并符合中国人习惯，不误导消费者。

8.1.2 水流流向容易引起混淆的饮用水处理内芯应有进水、出水方向的标志。

理解要点：

标示水流方向，标示清晰，便于安装和正常使用。

8.2 包装

8.2.1 包装储运图示标志应符合 GB/T 191。

理解要点：

(1) 内芯包装上应设有便于运输包装的各种图示。

(2) 所有标志的图案、大小及位置应符合 GB/T 191《包装储运图示标志》的规定。

a) 图形符合 GB/T 191《包装储运图示标志》中的“2 标志的名称和图形”要求，应包含“易碎物品”“向上”“怕晒”“怕雨”“堆码层数极限”等内容。

b) 图形尺寸及颜色应符合 GB/T 191《包装储运图示标志》中的“3 标志的尺寸和颜色”要求。

c) 标志的位置应符合 GB/T 191《包装储运图示标志》中的“4 标志的使用方法”要求。

8.2.2 饮用水处理内芯的包装应采用必要的密封措施并符合 GB/T 1019 的规定。

理解要点：

(1) 产品出厂前应进行相应的包装，其包装应符合 GB/T 1019《家用和类似用途电器包装通则》和产品本身的特殊要求，产品包装应做到牢固、安全、可靠、便于装卸，在正常装卸、运输条件下和在储存期间，确保产品的安全和使用性能不会因包装原因发生损坏、发霉、锈蚀而降低。包装应符合国家环保法规及相关要求。

(2) 产品包装应具备防潮、防霉、防锈等能力及足够的强度。

8.2.3 产品包装箱外表面至少应清晰标明下述内容：

a) 产品名称、规格型号；

b) 制造商名称、地址；

c) 毛重；

d) 包装箱外形尺寸(长×宽×高)。

理解要点：

规定了包装箱上必须表达的内容，便于产品运输、储存、销售和产品的可追溯性。

8.2.4 包装箱内应附有下列技术文件：

a) 装箱单；

b) 使用说明书；

c) 产品合格证、保修卡。

理解要点：

(1) 规定了为方便产品安装、使用、维护等产品所必须包含的技术支持文件。

(2) 技术文件必须安放于包装箱内。

8.3 运输

饮用水处理内芯运输过程中应固定牢靠，避免碰撞、跌落，防雨防潮，不得重压或倒置，不得与有毒、有害物品混运。

理解要点：

（1）内芯运输过程中固定牢靠，避免碰撞、跌落，且不得重压，是为了防止净水器损坏。

（2）内芯运输过程中不得倒置，是为防止净水器的水处理材料等发生不正常的移动。

（3）内芯运输过程中应防雨防潮，淋雨、潮湿会损坏产品的包装箱，更严重的是可能会影响装置内的水处理材料。

8.4　贮存

饮用水处理内芯应贮存在干燥通风、无有毒、有害物品的地方。不得重压或倒置，避免阳光长期直射。

理解要点：

（1）储存的环境应利于产品的保质。

（2）重压有可能导致产品包装、甚至本体的破坏。

（3）对有方向性的产品，不得倒置。

（4）阳光直射会加速内芯及组件的老化。

第 9 章　附录 A（规范性附录）　试验装置

一、概述

本章具体规定了活性炭吸附内芯测试装置的原理图。目的是使检测方法一致，避免由于检测方法不一致给制造企业和消费者造成不应有的损失。

二、条款解释

试验装置示意见图 A.1。

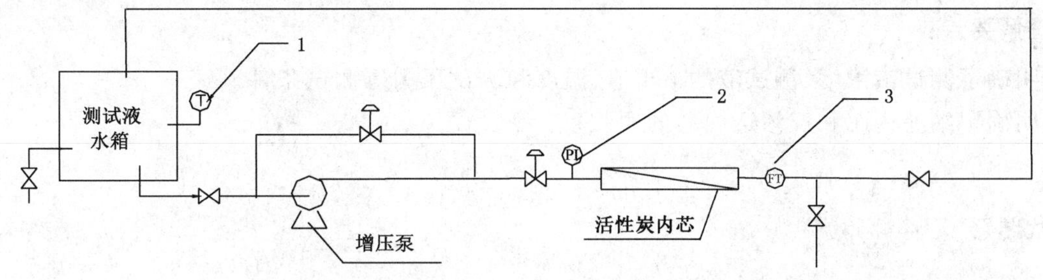

说明：

1——温度计；

2——压力表；

3——流量计。

图 A.1　试验装置示意图

理解要点：

（1）试验装置及其各元器件的规格参数，各实验室可根据实际情况自行配置。

（2）试验装置各仪器仪表的精度应满足测试要求，各控制类元器件的寿命应高于测试样件同类型元器件的寿命。可参考 GB/T 30306—2013 中 6.1.6 规定。

第 10 章　附录 B（规范性附录）纳滤及反渗透膜内芯通量和脱盐率的测试方法

一、概述

本章具体规定了纳滤及反渗透膜内芯通量和脱盐率的测试方法，明确了测试条件、测试装置和测试过程等内容。目的是使检测方法一致，避免由于检测方法不一致给制造企业和消费者造成不应有的损失。

二、条款解释

B.1　测试条件

纳滤膜及反渗透膜内芯通量和脱盐率的标准测试条件见表 B.1。

表 B.1　标准测试条件

膜内芯类型	标准测试条件				
	测试液浓度 mg/L	测试压力 MPa	pH 值	温度 ℃	回收率 %
纳滤内芯(NF)	($MgSO_4$)，250±10	0.31	7.0±0.5	25±0.5	15%
反渗透内芯(RO)	(NaCl)，250±10	0.41	7.0±0.5	25±0.5	15%

理解要点：

（1）明确了测试液浓度、测试液的 pH 值、温度和测试压力等测试条件。

（2）明确了纳滤内芯和反渗透内芯的回收率。

B.2　测试装置

纳滤膜及反渗透膜内芯通量和脱盐率的测试装置原理图见图 B.1 所示。

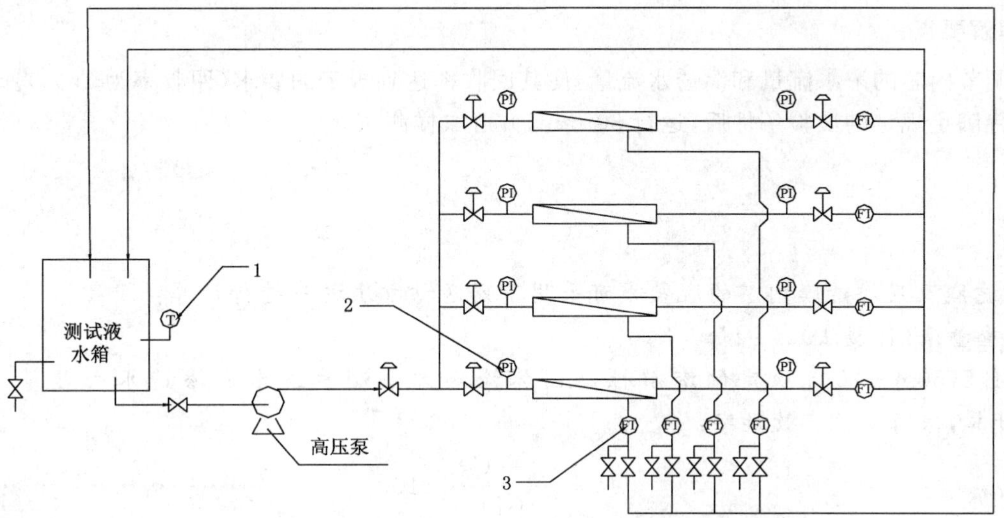

说明：

1——温度计；

2——压力表；

3——流量计。

图 B.1 通量和脱盐率的测试装置原理图

理解要点：

明确了通量和脱盐率的测试装置原理图。确保检测方法的一致性。

B.3 测试液(进水)配制

按照标准测试条件的要求，用电导率低于 10 μs/cm 的纯水和纯度＞99.5％的 NaCl(或 $MgSO_4$)配制相应浓度的测试溶液。

理解要点：

(1) 规定了配制测试液用纯水的电导率，低于 10 μs/cm。

(2) 明确了 NaCl(或 $MgSO_4$)的纯度，＞99.5％。

B.4 测试

将内芯装入测试用的膜壳(单芯装膜壳)，将未装膜元件的膜壳的各阀门关闭。开启各供水阀门，开启压力泵，根据标准测试条件要求，调节各元件入口压力及浓水流量至规定值，在该条件下运行 30 min 后，开始取样测试。测试项目见表 B.2。

表 B.2 测试项目

序号	元件编号	温度 ℃	进水含盐量 (进水电导率) mg/L(μs/cm)	渗透水含盐量 (渗透水电导率) mg/L(μs/cm)	浓水流量 mL/min	渗透水流量 mL/min
1＃						
2＃						
3＃						
4＃						

理解要点：

(1) 调节内芯的浓水流量和渗透水流量，使其回收率达到规定的要求（回收率为15%）。

(2) 待满足规定的试验条件后，运行30 min，方可取样测试。

B.5 计算

B.5.1 纳滤膜及反渗透膜内芯的脱盐率可采用下列两种方法之一进行计算：

a) 重量法（仲裁法）

按GB 5750.4—2006规定的溶解性总固体检测方法测量进水和渗透水含盐量，然后采用式(B.1)计算，保留两位有效数字：

$$R=\frac{C_f-C_p}{C_f}\times 100 \qquad \cdots\cdots(B.1)$$

式中：

R ——脱盐率，%；

C_f ——进水含盐量，单位为mg/L；

C_p ——渗透水含盐量，单位为mg/L。

b) 电导率测定法

电导率测定法是用电导率仪分别测定进水电导率和渗透水电导率，然后采用式(B.2)计算，保留两位有效数字：

$$R=\frac{C_1-C_2}{C_1}\times 100 \qquad \cdots\cdots(B.2)$$

式中：

R ——脱盐率，%；

C_1 ——进水电导率，单位为μs/cm；

C_2 ——渗透水电导率，单位为μs/cm。

理解要点：

(1) 规定了纳滤膜及反渗透膜内芯的脱盐率计算方法，重量法和电导率法。

(2) 重量法可以用作仲裁

B.5.2 纳滤膜及反渗透膜内芯的通量可采用下列两种方法之一进行计算：

a) 标准测试温度(25 ℃)测试条件下的计算方法（仲裁法）

采用式(B.3)计算，保留两位有效数字：

$$F=\frac{V}{A\times t}\times 60 \qquad \cdots\cdots(B.3)$$

式中：

F ——通量，单位为$m^3/(m^2\cdot h)$；

V ——t分钟时间内收集的渗透水体积，单位为m^3；

A ——膜元件有效面积，单位为m^2；

t ——收集渗透水透过量所用的时间，单位为min。

b) 非标准测试温度测试条件下的计算方法

采用式(B.4)计算，保留两位有效数字：

$$F=\frac{Q_p\times \mathrm{TCF}}{A}\times 60\times 10^{-6} \qquad \cdots\cdots(B.4)$$

式中：

F ——通量，单位为 $m^3/(m^2 \cdot h)$；

Q_p ——渗透水流量，单位为 mL/min；

A ——膜元件有效面积，单位为 m^2；

TCF——膜元件温度校正系数，由膜元件厂家提供。

理解要点：

(1) 规定了标准温度下和非标准温度下纳滤膜及反渗透膜内芯的通量的计算方法；

(2) 标准温度下的测试可以用作仲裁。

GB/T 30307—2013

《家用和类似用途饮用水处理装置》

第1章　范　　围

一、概述

本章阐述了标准适用范围、场所以及本标准的组织结构。

二、条款解释

本标准规定了家用和类似用途饮用水处理装置的术语和定义、分类与命名、技术要求、试验方法、检验规则及标志、包装、运输、贮存。

本标准适用于家用和类似用途饮用水处理装置(以下简称“饮用水处理装置”)。

理解要点：

(1) 陈述了本标准所涉及的具体内容范围：饮用水处理装置，从其术语和定义起，到其运输、贮存止，涵盖了净水器产品进入市场销售前所有过程的要求、检验(检测)方法等。

(2) 指出了本标准所适用的对象：家用和类似用途饮用水处理装置，涵盖了当今市场上已经出现的、或将来会出现的，如饮水机专用净水机、龙头式净水机、台式净水机、管道式净水机等所有饮用水处理装置。本标准所规定的内容为所有净水机产品必须共同遵守。

(3) 简要介绍饮用水处理装置的适用条件、技术及使用范围和要求：

a) 本标准适用于采用各类技术或组合、用于改善水质的饮用水处理装置。

b) 规定了本标准器具的适用场所及本标准适用器具的范围。

c) 在一般条件下，其适用水源水质应当符合 GB 5749 的相关规定、水压应符合市政供水的相关要求。但并不意味着本标准规定的器具不适用于其他水源。当使用其他或不明水源时，本标准后面所规定的产品“要求”，将不再适用。

d) 本标准适用器具可以是带电工作产品，但仅适用于家电和类似场合(商店、餐饮、办公等)，单相器具额定电压不得超过 250 V，可由非电气专业人员操作。

e) 本标准适用器具涵盖承压器具，对密封性能有较高要求，为消除因漏水给使用者带来财产损失的隐患，维护及零配件更换尽量由专业人员进行。

(4) 交代了本标准后文中“饮用水处理装置”的来历。

(5) 介绍了本标准的结构。

第2章　规范性引用文件

一、概述

本章给出了标准中引用的文件目录，便于在使用过程中参照相关的资料内容。

二、条款解释

下列文件对于本文件的应用是必不可少的。凡是注日期的引用文件，仅注日期的版本适用于本文件。凡是不注日期的引用文件，其最新版本(包括所有的修改单)适用于本文件。

GB/T 191　包装储运图示标志

GB/T 1019　家用和类似用途电器包装通则

GB/T 2828.1　计数抽样检验程序　第1部分：按接收质量限(AQL)检索的逐批检验抽样计划

GB/T 2829　周期检验计数抽样程序及表(适用于对过程稳定性的检验)

GB/T 4214.1　声学　家用电器及类似用途器具噪声测试方法　第1部分：通用要求

GB 4706.1　家用和类似用途电器的安全　第1部分：通用要求

GB 5749—2006　生活饮用水卫生标准

GB/T 5750.1～5750.13—2006　生活饮用水标准检验方法

GB 8537　饮用天然矿泉水

GB/T 8538　饮用天然矿泉水检验方法

GB/T 17218　饮用水化学处理剂卫生安全性评价

GB/T 17219　生活饮用水输配水设备及防护材料的安全性评价标准

GB/T 19249—2003　反渗透水处理设备

理解要点：

(1) 所列出的标准中，其被引用的条款，成为本标准的条款；并不是列出的标准，其全部内容都是本标准的条款。

(2) 标准引用的必要性，如：

a) 包装、包装标志的标准引用

GB/T 191《包装储运图示标志》规定了包装储运图示标志的名称、图形符号、尺寸、颜色及应用方法，适用于各种货物的运输包装。

GB/T 1019《家用和类似用途电器包装通则》规定了家用和类似用途电器包装的术语定义、技术要求、试验方法、标识等内容，适用于家用和类似用途电器的包装。

为了规范装置的包装储运图示标志、明确装置的包装要求，本标准的“8.2 包装”中引用了这2个标准。

b) 检验规则的标准引用

GB/T 2828.1《计数抽样检验程序　第1部分：按接收质量限(AQL)检索的逐批检验抽样计划》标准规定了一个计数抽样检验系统，其促使供方将过程平均质量水平值至少保持在和规定的接收质量限一样好，适用于最终产品、零部件和原材料、在制品、库存品、数据或记录等的检验。

GB/T 2829《周期检验计数抽样程序及表(适用于对过程稳定性的检验)》标准规定了以不合格质量水平(用不合格品百分数或每百单位产品不合格数表示)为质量指标的一次、二次、五次抽样方案(规定了样本量和有关接收准则的一个具体方案)及抽样程序(使用抽样方案判断批合格与否的过程)，其适用于对过程稳定性的检验。

本标准“7.2　出厂检验”“7.3　型式检验”中分别引用了这2个标准，用以规定产品的出厂检验、型式检验的抽样。

c) 水质要求及检验方法的标准引用

1) GB 5749—2006《生活饮用水卫生标准》规定了生活饮用水水质卫生要求、生活饮用水水源水质卫生要求、集中式供水单位卫生要求、二次供水卫生要求、涉及生活饮用水卫生安全产品卫生要求、水质监测和水质检验方法。

本标准除特别规定的指标外，其余指标引用(GB 5749—2006)《生活饮用水卫生标准》，将其规定的要求作为净水机水质应达到的最低标准(见本标准的“5.6.1 净水水质”)。

为保证本标准“装置”性能的稳定性、可评判性及评判的一致性，对装置的进水水源水质，也要求满足该标准要求(见本标准“5.1.1 进水要求”)。

2) GB/T 5750.1～5750.13—2006《生活饮用水标准检验方法》规定了生活饮用水水质检验的基本原则、要求、方法，适用于生活饮用水水质检验，也适用于水源水和经过处理、储存和运输的饮用水的水质检验。

本标准“6.3 卫生安全试验”等中引用(GB/T 5750.1～5750.13—2006)《生活饮用水标准检验方法》，作为净水机材料浸泡试验、水质检验、评价的方法。

3) GB/T 8537《饮用天然矿泉水》

GB/T 8538《饮用天然矿泉水检验方法》

上述标准规定了天然矿泉水水质要求及检验方法，在本标准“5.7.4 矿化水机(器)”“6.7.4 矿化指标试验”中被引用。

4) GB/T 19249—2003《反渗透水处理设备》

该标准规定了反渗透设备的脱盐率试验方法，在本标准“6.7.3.1 脱盐率的测试”中引用；

d) 材料卫生要求：

GB/T 17218《饮用水化学处理剂卫生安全性评价》

GB/T 17219《生活饮用水输配水设备及防护材料的安全性评价标准》

上述标准不仅对装置的产水水质作出了规定，也对装置所有涉水部件，包括管、泵、阀、罐、滤芯及为满足净化需要所添加的化学处理剂等，必须符合上述规定。

本标准“5.4 卫生安全”中引用了上述标准。

e) 其他标准、文件的引用

1) GB/T 4214.1《声学 家用电器及类似用途器具噪声测试方法 第 1 部分：通用要求》规定了家用电器及类似器具噪声的测试环境、方法等。

该标准的条款 7.1.1、7.1.4 在本标准“6.6.4 噪声测试”中被引用。

2) GB 4706.1《家用和类似用途电器的安全 第 1 部分：通用要求》为所有家用及类似用途电器的强制性安全标准，本标准所规定的饮用水处理装置涵盖有涉电产品，无论是范围还是实质，都必须遵守上述标准。

第 3 章　术语和定义

一、概述

本章对在标准中使用的非通用名词、术语给出了明确的含义，目的是使标准结构简单，避免混淆概念。这些定义在没有特殊说明的情况下只在本标准内使用。

二、条款解释

3.1

饮用水处理装置　drinking water treatment equipment

由一个或若干个饮用水处理内芯组成的能改善水质的系统。

理解要点：

(1) 水处理装置的用途在于改善水质：去除有害杂质、添加有益元素；

(2) 根据产品的用途或所选用材料的功能，该装置可以由一个或多个内芯组成；

(3) 构成装置的每一个内芯应当具有实质性的功能。

3.2

过滤 filtration

通过滤料、滤膜或饮用水处理内芯滤除水中杂质的过程。

理解要点：

(1) 过滤的实质就是用纯物理的方法滤除水中杂质的过程。

(2) 水中的杂质，可以理解为除水(H_2O)以外的所有物质，包括可溶性的和不溶性的；

(3) 不溶性物质包括机械杂质、胶体、细菌及其他微生物等，上述杂质基本以颗粒物形式存在于水中；可溶性杂质包括以离子形式存在的无机盐类及能溶解于水的有机物等。

(4) 分离程度取决于过滤精度。过滤精度取决于所选用的过滤材料、用量及工艺设计等。

3.3

粗滤 coarse filter

以压力为驱动力，分离大于 1 μm 以上的颗粒的过程。

理解要点：

(1) 粗滤的目的在于去除原水中 1 μm 以上的大颗粒杂质，可以显著改善原水浊度，同时有助于保证后续过滤内芯充分发挥功效，延长使用寿命。

(2) 粗滤的条件：

a) 滤材与水充分接触；

b) 水处于流动状态——必须保持一定的水压。

(3) 粗滤滤材(滤料)被广泛采用的材料有石英砂、锰砂、熔喷 PP 及 PP 无纺布、平板膜等。

(4) 粗滤根据滤材的不同，其过滤机理也有所不同。一般分为表层过滤和深层过滤。表层过滤如 PP(或尼龙)平板膜；深层过滤如石英砂等，由于黏附、架桥、水中颗粒杂质在流动过程的碰撞、堆积，逐渐沉积于滤材颗粒间的间隙中，而从水中分离。

(5) 截留物的去除，最常见的方式有：

a) 轴向正、反冲洗：大水量的高速冲洗，使截留物脱除，必要时可采用辅助气源，进行气液刷洗；

b) 切向大水量冲刷；

c) 更换滤料或内芯。

3.4

微滤 microfiltration

以压力为驱动力，分离 0.1 μm～1 μm 的微粒的过程，简称为 MF。

3.5

超滤 ultrafiltration

以压力差为动力，分离分子量范围为几百～几百万，膜孔径约 0.001 μm～0.2 μm 的物理筛分过程，简称为 UF。

理解要点：

(1) 微滤和超滤同属于微孔膜范畴。微孔过滤是一种物理筛分过程，其功能在于截留分子量为几百至几百万的物质，包括大分子有机物、微生物等，而不是以脱盐为目的；

(2) 微孔膜的孔径为一个范围值：微滤在 0.1～1 μm，超滤为 0.001～0.2 μm(见图 2-1)。

(3) 在学术领域，微滤膜的过滤精度一般用孔径表示，而超滤的过滤精度一般用切割分子量来表征，本标准为直观表达，便于消费者理解，采用了切割分子量和孔径的双重方式表述。

(4) 微滤和超滤过程均以压力为驱动力，用于溶液体系中的物质分离。

(5) 膜的材料分为有机高分子材料和无机高分子材料。

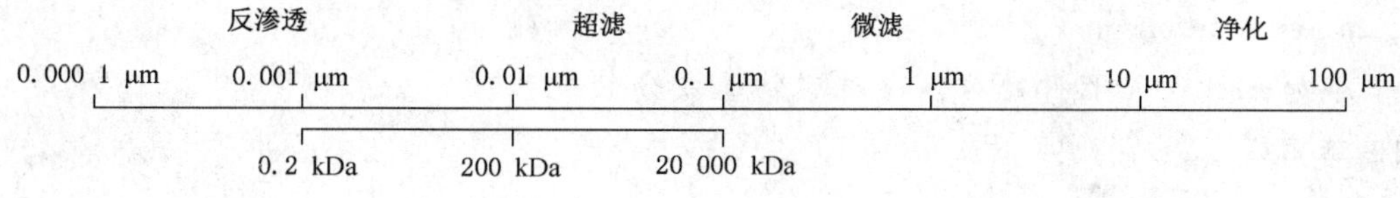

图 2-1 膜分离图谱

3.6

纳滤 nanofiltration

以压力为驱动力，用于脱除二价及二价以上的多价离子和分子量 200 以上的有机物的膜分离过程，简称为 NF。

理解要点：

(1) 纳滤技术是继反渗透后出现的一种新的分离技术，其分离机理基本和反渗透一致。

(2) 纳滤理论精度为 0.001～0.005 μm，略大于反渗透，因此其所需工作压力低于反渗透，早期被称为“松散反渗透”。

(3) 纳滤的作用在于去除二价及二价以上离子和分子量 200 以上的物质，对一价离子的去除率较低，其综合脱盐率低于反渗透。

3.7

反渗透 reverse osmosis

在膜的进水一侧施加比溶液渗透压高的外界压力，只允许溶液中水和某些组分选择性透过，其他物质不能透过而被截留在膜表面的过程，简称为 RO。

理解要点：

(1) 反渗透的概念始于渗透现象。当把只允许水透过的高分子半透膜作为介质，两侧分别是盐水和纯水时(见图 2-2)，由于纯水侧水的浓度高于盐水侧的水的浓度，纯水将向盐水侧扩散透过，这种浓度差异导致的迁移过程，就是渗透。它是自然界中在生物体内存在的一个普遍现象。

(2) 反渗透是一种由人类创造力产生的非自然现象或一种水溶液分离技术，其原理是通过施加机械外压、克服浓度差导致的逆向迁移(即在压力作用下，低浓度侧的水向高浓度侧迁移)的过程。

(3) 反渗透仅适用于液相体系(在本标准中，特指水溶液体系)中溶质和溶剂的分离。

(4) 反渗透现象必须在外界压力作用下发生，且压力必须高于水溶液的渗透压。

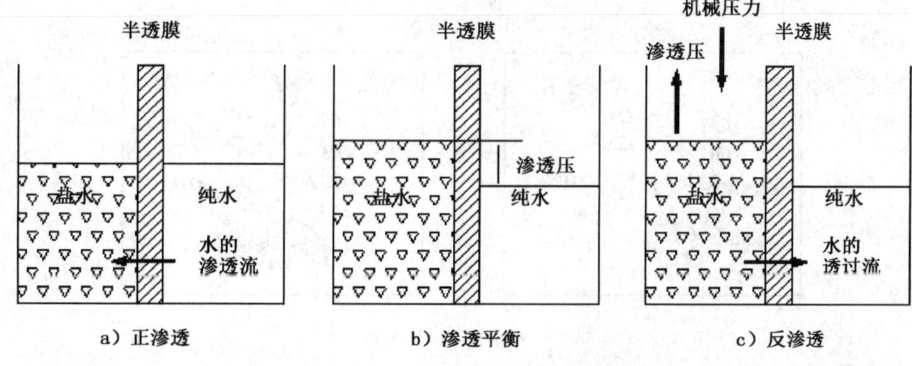

图 2-2 渗透-反渗透示意图

3.8

矿化　mineralization

向水中添加一种或若干种对人体有益矿物质成分的过程。

理解要点：

(1) 为什么要矿化

a) 对某些特定人群或特殊场合而言，日常饮食生活不足以摄取人体必需的矿物质；

b) 天然矿泉水资源有限；

c) 人工矿化是一种极为便利、较为低廉的饮用水处理方法。

(2) 矿化的原则

a) 添加对人体有益且易于通过饮水形式被人体吸收的矿物质；

b) 所选用的水处理材料除向水中释放设定的矿物质外，不得释放其他有害杂质；

c) 所添加矿物质的种类及溶出浓度，必须符合 GB 8537《饮用天然矿泉水》的要求。

3.9

离子交换　ion exchange

在溶液中存在的离子与离子交换固体介质之间有可逆性交换的化学作用，而对固体结构无任何改变的过程，简称为 IE。

理解要点：

(1) 离子交换是指利用人体可接受的、符合人体健康要求的或者最终生成对人体无害的交换介质的可溶性离子，交换水中需要去除的离子，包括阳离子及阴离子。

(2) 水中的可溶性盐分以离子形式存在，分为阳离子和阴离子。

(3) 离子交换介质包含不溶于水的基质和可以和水中部分离子进行选择性等价交换的离子，在交换过程中，基质不发生任何改变。

(4) 离子交换原理见图 2-3。

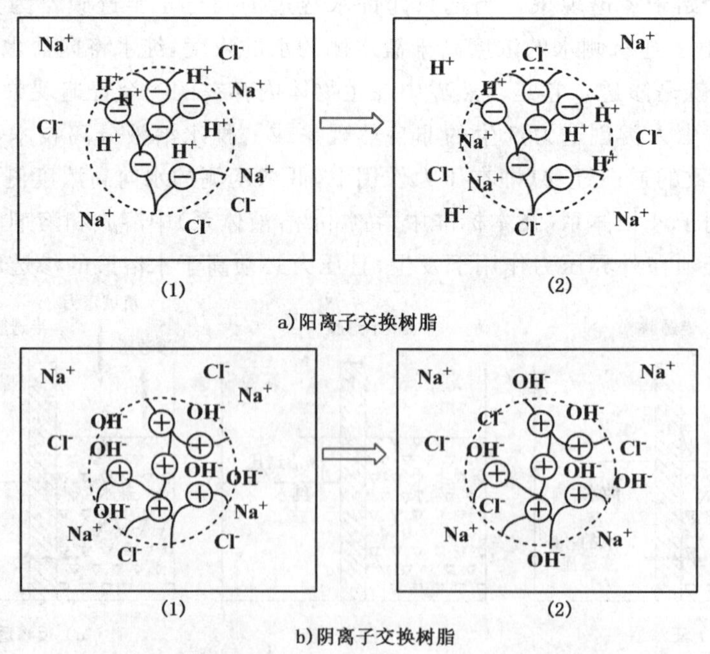

图 2-3　离子交换示意图

3.10

电渗析　electrodialysis

以离子交换膜为分离介质，以电位差为动力，使水中阴阳离子定向迁移并通过离子交换膜，从而进行离子分离的过程，简称为 ED。

理解要点：

(1) 电渗析是膜分离技术的一种。电渗析法是利用离子交换膜进行水净化脱盐的方法。离子交换膜是一种功能性膜，分为阴离子交换膜和阳离子交换膜(简称阴膜和阳膜)。阳膜只允许阳离子通过，阴膜只允许阴离子通过，这就是离子交换膜的选择透过性。在外加电场的的作用下，水溶液中的阴、阳离子会分别向阳极和阴极移动，如果中间再加上一种交换膜，就可能达到分离浓缩的目的。电渗析法就是利用了这样的原理。

(2) 电渗析器中交替排列着许多阳膜和阴膜，分隔成小水室。当原水进入这些小室时，在直流电场的作用下，溶液中的离子就作定向迁移。阳膜只允许阳离子通过而把阴离子截留下来；阴膜只允许阴离子通过而把阳离子截留下来。结果使这些小室的一部分变成含离子很少的淡水室，出水称为淡水。而与淡水室相邻的小室则变成聚集大量离子的浓水室，出水称为浓水。

(3) 电渗析和离子交换相比，有以下异同点：

a) 分离离子的工作介质虽均为离子交换树脂，但前者是呈片状的薄膜，后者则为圆球形的颗粒；

b) 从作用机理来说，离子交换属于离子转移置换，离子交换树脂在过程中发生离子交换反应。而电渗析属于离子截留置换，离子交换膜在过程中起离子选择透过和截阻作用。所以更精确地说，应该把离子交换膜称为离子选择性透过膜；

c) 电渗析的工作介质不需要再生，但消耗电能；而离子交换的工作介质必须再生，但不消耗电能。

(4) 电渗析原理见图 2-4。

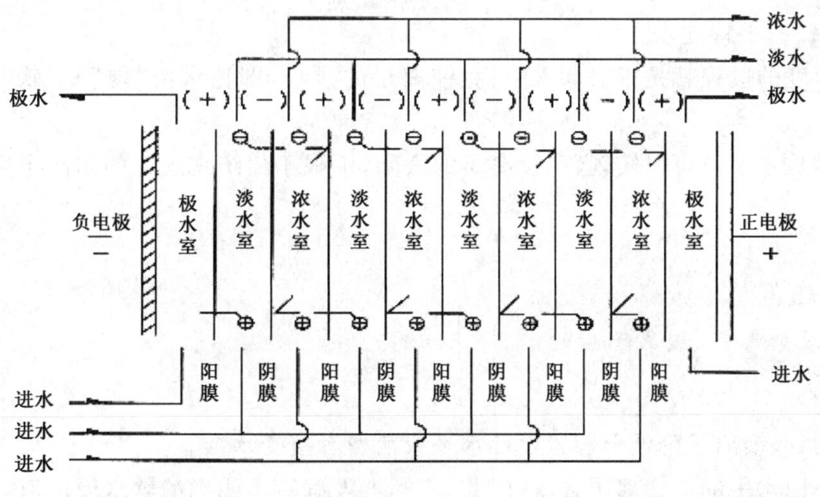

图 2-4　电渗析原理图

3.11

再生　regeneration

采用化学方法恢复介质的水处理功能的维护过程。

理解要点：

(1) 水处理滤材(介质)在工作一段时间后，经过不断地(吸附或交换)积累后，会达到饱和，从而失去处理能力。

(2) 某些滤材可以通过适当的技术手段，采用化学方法，恢复其处理功能，而恢复的过程，就称为

“再生”。

(3) 在某些大型水处理设备中，对活性炭滤料采用高温蒸汽熏蒸、活化，使其恢复或部分恢复功能，所采用的“再生”方法为物理方法，但该方法在饮用水处理装置中不适合采用，故该方法不属于本标准范畴。

3.12

水的总硬度　total hardness of water

水中易于形成沉淀物的金属离子总浓度，以水中钙、镁离子总浓度表示。

理解要点：

(1) 水中有些金属阳离子，同一些阴离子结合在一起，在水被加热的过程中，由于蒸发浓缩，容易形成水垢，我们将这些金属离子的总浓度称为水的硬度。

(2) 水的硬度绝大部分由钙、镁离子组成，因此，通常把钙、镁离子的总浓度称为水的硬度。

(3) 国际上水硬度的表示方法很多，在我国根据 GB 5749，用 $CaCO_3$ 含量表示，单位为 mg/L。

3.13

软化　soften

降低水的总硬度的过程。

理解要点：

(1) 水根据其碳酸钙浓度的含量，大致可作如下划分：

0～75 mg/L ——极软水；　75～150 mg/L—— 软水；　150～300 mg/L—— 中硬水；

300～450 mg/L—— 硬水；　450～700 mg/L ——高硬水；700～1 000 mg/L——超高硬水；

＞1 000 mg/L ——特硬水。

(2) 降低总硬度的过程就是指去除水中钙、镁离子的过程，即让水由“硬”变“软”的过程，该过程称为“软化”。

(3) 有很多种技术手段可以实现钙、镁离子的去除，不限于传统观念上的阳离子交换。

3.14

软水　soft water

除掉大部分或全部钙、镁离子后的水。

理解要点：

(1) 原水中的钙、镁离子降低至装置设计水平或消费者接受水准。

(2) 无法统一原水中的钙镁离子含量，因此，本标准没有给出明确的软水硬度值。

(3) 在 ANSI/NSF 44—2004《住宅阳离子交换水软化器》标准中规定了软水硬度值低于 17.1 mg/L，但本标准“装置”的定义、种类、涵盖范围比上述标准要宽泛的多，故本标准没有借用该标准的规定值。

3.15

脱盐　desalination

从水溶液中除去盐类的过程。

理解要点：

(1) 天然水体(包括以天然水体为水源的市政自来水)含有一定量的可溶性无机物，该类无机物称为“盐”。

(2) 粗范地说就是将“盐”脱除的方法或过程，这个“盐”是更宽泛的“化学盐”，不限于常用的食用“盐”，而是水中的阴阳离子。

3.16

饮用纯净水 purified water for drinking

经脱盐处理后的可直接饮用的水。

理解要点：

(1) “饮用纯净水”一般指含盐量较低的饮用水。

(2) “饮用纯净水”的含盐量(TDS)目前没有明确的规定，按本标准规定，产水的 TDS 值低于原水 TDS 值的 15%，即可称为“饮用纯净水”。

(3) 获得饮用纯净水的方法有很多，包括电渗析、(阴阳)离子交换、反渗透、正渗透及蒸馏等。

3.17

脱盐率 rate of desalination

饮用水处理装置的除盐效率，用百分比表示。

理解要点：

(1) 标称具有“脱盐功能”的饮用水处理装置，“脱盐率”是衡量其功能和适用性的重要考量指标之一，用于考察所选用装置的适用性、工作状况，及产水水质的优劣等，也可以作为装置维护更换的重要参考指标。

(2) 对溶解于水中的全部无机盐的去除能力；在实际使用过程中，水中无机盐的含量常选用电导率或溶解性总固体含量作指标。上述两项指标的降低值代表了反渗透净水机的脱盐能力。

(3) 是一个含百分号的无量纲数值。

(4) 装置的脱盐率不是一个定值，它与水温、水质、工作压力及系统回收率有关。

3.18

去除率 efficany of rejection

进水中某类物质的降低值占进水中该类物质总含量的比率，用百分比表示。

理解要点：

(1) 指对原水中的某一种或某一类物质的脱除效率。

去除效率以公式表示即为：$[(M_0-M_1)/M_0]\times100\%$

式中：M_0——进水中某类物质的总含量；

M_1——去除后，水中某类物质剩余的总含量。

(2) 由专业机构检测。

(3) “去除率”与“脱盐率”存在本质的区别：

“脱盐率”是指反渗透净水机对原水中所有无机盐的总体脱除率。原水中无机盐的成分、组成非常复杂，反渗透膜对不同物质的脱除率是不同的，一般来讲，对高价离子的脱除率较高，对低价离子(如钠离子)的脱除率会低一些。

因此，在评价反渗透膜或反渗透净水机的脱盐率时，一般以氯化钠溶液作测试介质。

而去除率指对某一种或某一类的特定物质，一般用于表征对毒理性物质及微生物类的处理效果，如重金属、硝酸盐氮、总大肠菌群等。

3.19

回收率　recovery

经净化后，净水占总进水量的比率，用百分比表示。

理解要点：

（1）具备脱盐功能的装置，在运行过程中，水中的杂质被截留于膜表面，而这部分杂质需要以溶液的形式排出，形成浓缩液。因此，不是所有的进水都成为了“净化水”。

（2）某些需要通过冲洗等手段恢复其净化功能的装置或内芯，冲洗水也会消耗掉部分“进水”。

（3）本标准鼓励各企业采用技术手段，使浓缩水尽可能方便有效利用。但在现有技术条件下，浓缩水自然排放也会被广为采用，但必须尽告知消费者的义务。

（4）“回收率”是考量整机水利用率的指标，可以通过本指标来反映整机及其制造商在选材、工艺及技术等方面的水平，但不一定是正相关关系，即不能仅用“回收率”指标来作为净水机质量优劣的唯一判断依据。

（5）考核对象为“水”，而不是原水中的其他物质。

3.20

再生率　rate of regeneration

在规定的操作条件下，水处理单元经过再生后，其主要功能指标和初始状态时的比值，用百分比表示。

理解要点：

（1）某些水处理单元在运行一段时间后，会因为饱和或堵塞，丧失部分或全部净化功能，不能达到该单元的设计功能。此时，需要对其进行再生。

（2）再生后，水处理单元的主要功能指标可能会全部或绝大部分恢复。其回复率取决于该单元的选材、选型、工艺设计及工况设定等水平。

（3）主要功能指标是指装置中设置该单元的主要目标值，通常包含净水流量、脱盐率、去除率、再生周期、软化能力等。

3.21

净水流量　purified water flow rate

在规定的运行条件下，制造商标称的单位时间内的产水量，单位为升每小时（L/h）。

理解要点：

（1）符合 5.1 规定的使用条件或者在此条件范围内制造商给定的运行条件；

（2）在额定使用周期内，水质必须符合本标准要求；

（3）该指标反映了“装置”的制水能力。

3.22

总净水量　total production capacity

在规定的运行条件下，饮用水处理装置的出水水质符合要求且净水流量不少于标称净水流量时，其任一净化单元进行再生或更换时的累积产水量，单位为升（L）。

理解要点：

（1）符合 5.1 规定的使用条件或者在此条件范围内制造商给定的运行条件。

（2）在很多情况下，装置是由多个过滤单元组成，而每一个过滤单元的净水总量（即使用寿命）不尽相同。

(3) 本条款中的“总净水量”可以理解为在净水水质必须符合要求，净水流量符合制造商标称要求的前提下，“装置”所有水净化单元中最先需要再生或更换时的总产水量，即规定了“装置”所有净化单元中寿命最短的净化容量。

(4) 本条款仅包括过滤单元，装置整机中的其他元件，如管线、接头、承压容器(滤瓶、膜壳等)、电控元件及结构件不在本条款规定之列。

(5) “总净水量”俗称滤芯的“使用寿命”，在实际使用过程中，滤芯寿命会与“装置”制造商所标称的数据存在较大区别，因为，滤芯的寿命和使用区域的水温、水质、水压以及消费者的使用习惯有直接关系。因此，“总净水量”从理论上讲，是一个在特定条件下测试出的参考值。在同等条件下，可以作为考察装置滤芯质量的判定依据之一。

(6) “总净水量”与“额定使用周期”关系

a) 在“装置”无法或不能清洗、再生的情况下，当“额定使用周期”以处理水的体积表示时，同一净水机的“额定总净水量”与“额定使用周期”是相等的。

b) 在“装置”可清洗或可再生的情况下，过滤单元重新恢复了水处理能力，此时“额定总净水量”大于“额定使用周期”(当“额定使用周期”以处理水的体积表示时)。

3.23

进水压力 influent pressure

饮用水处理装置在运行时进水口处的水压，单位为兆帕(MPa)。

理解要点：

(1) 水处理装置为保证正常工作，需要一定的水压。

(2) 不同的装置类型对水压的要求也不尽相同。

(3) 更多的适用于连续式处理装置。

3.24

最高工作压力 maximum working pressure

制造商标称使用的工作压力中的最大值或工作压力范围的上限值，单位为兆帕(MPa)。

理解要点：

(1) 某些类别的装置，出于工艺需要(如反渗透纯水机类产品)，配置了增压设备，其泵后的过滤单元或工作组件的实际工作压力，会远高于进水压力，且随原水压力的波动、工况的变化，泵后压力会在设定范围内变化。其变化的最大值，可称为装置系统的最大工作压力。

(2) 装置的正常工作压力一般不会为一个“定值”，都有一个设定的压力范围，其设定范围的上限值，亦称为“最高工作压力”。

3.25

敞开式饮用水处理装置 open discharge system of drinking water

在非工作状态下，系统不承受供水管网压力的饮用水处理装置。

理解要点：

(1) 带有阀门的饮用水处理装置，原水必须是阀门的进水口连接。不带阀门的饮用水处理装置，装置进水口首先与进水阀门出口连接，阀门的进水口再与原水连接。强调从进水控制阀门(或龙头)后到出水口不能安装有截水装置(如阀门或龙头)。

(2) 在正常使用时，必须先开启进水阀；当不取水使用时，关闭进水阀门。此时，装置和原水管网被阀门隔断，饮用水处理装置不再承受原水管网压力或者管网压力的波动，装置系统维持零压或一定微小的静压。

3.26

连续式饮用水处理装置　continuous treatment equipment of drinking water

连接到水源能够自动完成连续供水的饮用水处理装置。

理解要点：

(1) 通过管线将其进水口和原水管网相连，在使用周期内，能根据设定的程序和使用过程，对原水进行连续净化的装置。

(2) 可以根据使用要求，间断性或周期性净化。

3.27

非连续式饮用水处理装置　non-continuous treatment equipment of drinking water

需要人工进行加水的饮用水处理装置。

理解要点：

(1) 该类装置为间断式制水装置，装置中设有一个放原水的容器。其原水是通过人工将原水添加到装置的原水容器中的。

(2) 当原水水位低于设定的最低水位值时，该装置停止水处理运行。

第4章　分类与命名

一、概述

本章对适用于本标准的器具做了分类。

二、条款解释

4.1　分类

4.1.1　饮用水处理装置按主要水处理功能分为：

a)　净水机(器)(J)：以改善饮水水质、去除水中某些有害物质为目的的饮用水处理装置，包括活性炭、粗滤、微滤、超滤、纳滤净水机等；

理解要点：

(1) 按照卫生部《生活饮用水水质处理器卫生安全与功能评价规范》(2001)，将现有净水器按功能和净化机理分为一般水质处理器、反渗透处理装置及矿化水器三类，本标准在上述规范基础上稍作进一步细分，将软水机从一般水质处理器中剥离，并重新命名为“净水机(器)”。

(2) 净水机(器)的功能在于去除有害物质，任何以添加物质形式来改善水质的装置，不属于该类产品范畴。

b)　软水机(器)(R)：以离子交换为软化方法、能够提供软水的饮用水处理装置；

理解要点：

仅指通过离子交换技术，用于去除原水中的钙、镁离子，提供软化饮用水的水质处理器具。

c) 纯水机(器)(C)：能够提供饮用纯净水的饮用水处理装置；

理解要点：

以电渗析(ED)、电吸附(CDI)、反渗透(RO)、正渗透、蒸馏等方法，脱盐率在 85%以上的水质处理器具。

d) 矿化水机(器)(K)：以改善饮水水质、增加水中某种对人体有益成分为目的的饮用水处理装置；

理解要点：

(1) 必须具备改善水质的功能。

(2) 向水中添加的矿物质必须有益人体健康，且其浓度符合 GB 8537 规定。

(3) 所添加的物质不得和水中的物质反应，产生新的对人体健康不利的物质。

e) 其他净水机(器)(Q)：除上述种类之外的饮用水处理装置。

理解要点：

(1) 本标准中没有明确提出的，以其他技术用于改善水质的装置。

(2) 采用未来出现的新型技术的水质处理器具。

4.1.2 饮用水处理装置按使用形式分为：

a) 饮水机专用净水器(Z)：与饮水机配套使用的饮用水处理装置；

理解要点：

仅能和饮水机配套、安装于饮水机顶部、不能单独使用的机型。一般为重力式过滤，近年来也有配套增压装置的机型。使用水源为自来水，以人工加水者居多。

b) 龙头式净水机(器)(L)：直接安装在自来水龙头上使用的饮用水处理装置；

理解要点：

通过各种规格的转换接头，直接安装于自来水龙头终端，以自来水压力为动力源进行过滤的水处理装置。以不带电者居多，也有很多厂商将之划归于“便携式净水器”。

c) 台立式净水机(器)(T)：通常安放在台面上或地面上使用的饮用水处理装置；

理解要点：

为当今饮用水处理装置主流产品，可置于橱下、台面及地面。采用三通球阀等组件，直接驳接于自来水管，但不影响自来水龙头的使用。

d) 壁挂式净水机(器)(B)：通常挂在墙壁上使用的饮用水处理装置；

理解要点：

其功能结构和大多数“台立式净水机”类似，为考虑壁挂安装，设有挂钩或挂孔，净化系统和储存系统分离者居多。近年来，在设计“壁挂机”时，一般也会考虑适应台式和橱下安装的可能性，以适应各类用户的安装需求。

e) 管道式净水机(器)(G):通常作为供水管道一部分使用的饮用水处理装置;

理解要点:

净水机的进、出水口均和自来水管网对接,在正常使用时,相当于管道的一部分。以大流量机型居多。

f) 便携式净水机(器)(X):便于随身携带使用的饮用水处理装置;

理解要点:

可方便携带(特别适宜野外作业及应急饮水等场所),对水源没有严格要求,自配电源或无电源,其出水水质应符合 GB 5749《生活饮用水卫生标准》的要求。

g) 乘载式净水机(器)(C):装载在车、船等交通工具上的饮用水处理装置;

理解要点:

安装于活动的车(船、机)上,水源、电源必须和载体匹配。

h) 中央净水机(器)(Y):通常作为供水中心为用户提供所需水质用水的饮用水处理装置。

理解要点:

产水量较大,可作为用户全屋净水或多户集中供水处理装置。

4.2 命名

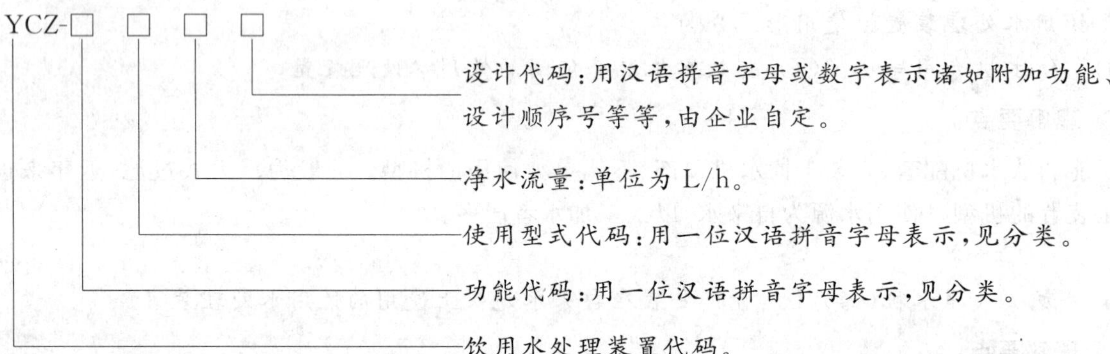

举例:YCZ-KZ3-801,YCZ 表示饮用水处理装置;K 表示矿化水机(器);Z 表示饮水机专用净水机(器);3 表示净水流量为 3 L/h;801 表示制造商设计顺序号。

理解要点:

(1) 为保证产品命名的统一性,便于消费者识别,装置命名采用"饮用水处理装置"的汉语拼音缩写"YCZ"。

(2) 功能代码,见 4.1.1 功能分类及其缩写拼音字母;

(3) 使用形式代码,见 4.1.2 使用形式分类及其缩写拼音字母。

(4) 净水流量:产品标称净水流量。

(5) 设计代码:企业识别码,由企业自定,可以根据设计年份、过滤级数、主要原料材质(如外壳)等编制。

第 5 章　技术要求

一、概述

本章对饮用水处理装置的使用条件、外观、结构、元器件的安全性能、净化指标等提出了要求，并对检验项目进行了具体的规定。

二、条款解释

5.1　正常使用条件

5.1.1　进水要求

a)　市政自来水或其他集中式供水；

b)　压力：≤0.4 MPa(表压)；

c)　水温：5 ℃～38 ℃。

理解要点：

(1) 本标准“水处理装置”用于家庭及类似场所，其设计出发点在于对自来水的深度净化，其工艺设计理念是基于市政自来水水质，因此市政自来水或其他集中式供水进水水质应符合 GB 5749 规定。

(2) 净水机的设计进水水压一般为 0.1 MPa～0.4 MPa，为保证装置的正常使用及安全性，应考虑装置能承受市政自来水或其他集中式供水最大水压(0.4 MPa)。

(3) 水温应符合上述规定：

a) 装置的绝大部分元器件为高分子有机材料制品，包括承压容器、部分过滤单元及超滤膜等，其安全性、稳定性等指标受温度的影响较大。当水温超过规定范围时，会对装置的使用性能和安全性能带来隐患；

b) 装置过滤单元的性能指标与水温有直接关系，如水温对产品的净水流量等有明显影响，特别是膜法技术；

c) 水处理装置必须能适用市政自来水或其他集中式供水，水温 5 ℃～38 ℃。

5.1.2　电源

电压：187 V～242 V；

频率：50 Hz。

理解要点：

(1) 以电源为动力的净水机，其输入电源参数应当符合上述要求。

(2) 采用外置电源适配器的净水机，其电源适配器的输入电源参数，应当符合上述要求。

(3) 无电源净水机，不必考虑此规定。

(4) 承载式净水机，其输入电源或电源适配器必须和载体输出匹配。

5.1.3 环境条件

a) 温度：4 ℃～40 ℃；

b) 相对湿度：≤90%（25 ℃时）。

理解要点：

（1）现阶段净水器，塑料材质被广泛采用，对使用环境温度有一定的要求。

（2）净水机属于家用电器，4 ℃～40 ℃的环境温度、不大于 90%的环境相对湿度能够包括绝大部分家庭的环境条件。

（3）环境温度对水温有直接影响，水温对净水机性能有一定的影响。

（4）空气湿度的影响，主要表现在对钣金件的锈蚀和产生的电器件安全隐患。

（5）当空气湿度过大时，净水机表面形成冷凝液，易导致对净水机的使用状态产生误判（如误认为净水机漏水），特别是采用防漏水技术的机型，极易导致防漏水装置的误动作。

5.2 外观要求

5.2.1 饮用水处理装置外观应清洁、整齐、无锈蚀。

理解要点：

（1）饮用水处理装置是一种为使用者提供饮用水的特殊产品，对产品本身的卫生性能有严格要求，因此，在产品制造、运输、储存过程中，必须保证产品的清洁度，如表面无污渍、容器管道内无积水、所提供的滤芯配件等包装无破损等。

（2）各过滤单元、管道及辅助件（包括电控线路）等排放整齐，便于安装、调试及维护。

（3）金属构件一般为装置承重件或骨架，对强度及寿命有较高要求，因此，要求金属构件具备防腐性能。

5.2.2 饮用水处理装置外露结构件表面应平整光滑、色泽均匀，无锐利棱边。

理解要点：

（1）外露结构件不应存在对操作、使用、维护等人员造成伤害的结构缺陷。

（2）外露结构件一般为装置的防护件，对强度及工艺性能均有要求。凹凸不平、灰白、色斑等是材料不良、制造工艺存在缺陷的体现。

（3）非设计原因而形成的色差，影响装置的清洁状况的观察，也会影响产品的美观。

5.2.3 饮用水处理装置涂层表面应平整光亮，颜色均匀一致，涂层牢固，表面不应有明显的流疤、划痕、皱纹、麻坑、起泡、漏涂或集合沙粒等缺陷。

电镀件的装饰镀层应光洁细密、色泽均匀，不应有斑点、锈点、针孔、气泡或镀层剥落等缺陷。

塑料件的表面应平整光滑，色泽均匀，不应有裂痕、气泡、明显缩孔和变形等缺陷。

理解要点：

（1）外观工艺不应有影响美观的缺陷。

（2）外观工艺不应存在影响净水机防腐能力的缺陷。

（3）塑料件的裂痕、气泡、变形等缺陷，都将影响产品特别是承压（或承重）部件的使用性能。

5.3　结构要求

5.3.1　结构设计时应考虑便于维护保养或更换滤芯。

理解要点：

（1）为保证水的净化效果，在产品使用周期内，某些过滤单元（滤芯）需要经常性的定期更换，在产品结构设计时，不仅要考虑产品装配的便捷性，也应当考虑产品维护的便捷性。

（2）需要拆卸的部件或部位，不会因拆卸而影响产品的性能（严密性）。

5.3.2　管道布局合理，连接牢固。

理解要点：

（1）水道布置清晰、经济，且不存在打折及松脱等隐患。

（2）管道的布置应适应净水机的整体工艺流程，便于产品安装、维护。

（3）还应参考《卫生部涉及饮用水卫生安全产品检验规定》（2001）中 3.3 的要求进行检验。

5.3.3　饮用水处理装置（非连续式饮用水处理装置除外）在进行表 1 规定的静水压力试验、破裂压力试验和循环压力试验时应无渗漏或破裂现象。

表 1　结构性能试验

<table>
<tr><th>试验部位</th><th>静水压力试验[a]</th><th>破裂压力试验[a]</th><th>循环压力试验[a]</th></tr>
<tr><td>整机（不包括贮水容器）</td><td>最高工作压力的 2 倍，或 1.20 MPa</td><td>—</td><td>在 0～1.04 MPa 或最高工作压力下，重复试验100 000 次</td></tr>
<tr><td>敞开式饮用水处理装置</td><td>最高工作压力的 1.5 倍，或 0.60 MPa</td><td>—</td><td>在 0～0.45 MPa 的压力下，重复 10 000 次试验</td></tr>
<tr><td>金属承压部件</td><td rowspan="2">最高工作压力的 2 倍，或 1.20 MPa</td><td>—</td><td rowspan="2">在 0～1.04 MPa 或最高工作压力下，重复试验100 000 次</td></tr>
<tr><td>非金属承压部件</td><td>最高工作压力的 4 倍，或 2.76 MPa</td></tr>
<tr><td colspan="4">注：整机进行了承压试验，承压部件不再单独进行承压试验。</td></tr>
<tr><td colspan="4">[a] 如果表中提供了可供选择的不同压力值，则应选择使用较高的压力进行试验。</td></tr>
</table>

理解要点：

（1）规定了饮用水处理装置所有涉水部件的结构安全性能指标，为充分保证净水机的安全性，本标准借鉴了 NSF 同类标准的部分要求，结合我国实际制造水平，有所取舍。

（2）静水压力试验侧重于测试装置及其涉水零部件的密封性能，即在正常工作状态下整机及其零部件的防漏水能力；破裂压力试验是用于检验在特殊情况下，防止产生净水机或其零部件不可恢复的破损、爆裂等现象的性能；循环压力试验是检验净水机在自来水管网压力频繁波动条件下的抗冲击能力，俗称“水锤试验”。

（3）整机进行了承压试验，承压部件不再单独进行承压试验。

（4）如果表中提供了可供选择的不同压力值，则应选择使用较高的压力进行试验。

5.3.4　其他结构性能符合 GB 4706.1 要求。

理解要点：

（1）其他性能如抗冲击、跌落等适合运输、储存等方面在结构设计上应满足 GB 4706.1 的要求。

(2) 电气接线符合 GB 4706.1《家用和类似用途电器的安全　第 1 部分：通用要求》等相关标准的规定要求，应当连接牢固，安全措施充分有效。

5.4 卫生安全

5.4.1 饮用水处理装置中化学处理剂应符合 GB/T 17218 要求。

理解要点：

(1) 装置中化学处理剂是指为保证净化效果，所设置的包括混凝、絮凝、助凝、消毒、氧化、pH 调节、软化、灭藻、除垢、除氟、除砷、氟化、矿化等用途的化学处理剂。

(2)《生活饮用水化学处理剂卫生安全评价规范》(2001)规定了生活饮用水化学处理剂的卫生安全要求和监测检验方法，适用于混凝、絮凝、助凝、消毒、氧化、pH 调节、软化、灭藻、除垢、除氟、除砷、氟化、矿化等用途的生活饮用水化学处理剂。生活饮用水的化学处理剂有：聚合氯化铝、硫酸铁、氟化钠、氟硅酸钠、次氯酸钠等 19 种。并规定了生活饮用水在加投规定量的化学处理剂后饮用水的感官要求、有害物质(包括金属、无机物、有机物、放射性物质)要求等。其中汞的限量为 0.0002mg/L。

(3) 化学处理剂的投加量应不影响净化水的水质安全性能。

(4) 新化学物质要进行毒理实验。

5.4.2 饮用水处理装置中与水接触材料及部件应符合 GB/T 17219 要求。

理解要点：

(1) “与水接触材料及部件”是指饮用水处理装置在使用时，进水从“原水”转化为“净化水”的全过程中，水流经过的所有管道接头、过滤单元(包括滤芯及滤芯外壳)、加压及控制元件、水储存装置及取水器具(水龙头等)。

(2) 饮用水处理装置中所有与水接触的材料的浸泡试验的卫生要求必须符合《生活饮用水输配水设备及防护材料卫生安全评价规范》(2001)中表 1 和表 2 的要求。

(3) 所有样品应检验《生活饮用水输配水设备及防护材料卫生安全评价规范》(2001)中表 1 的全部项目，并根据样品的种类、性质按《生活饮用水输配水设备及防护材料卫生安全评价规范》(2001)中表 3 确定输配水设备浸泡试验增测检验项目；按《生活饮用水输配水设备及防护材料卫生安全评价规范》(2001)中表 4 确定防护材料浸泡试验选测检验项目；按《生活饮用水输配水设备及防护材料卫生安全评价规范》(2001)中表 5 确定水处理材料浸泡试验选测检验项目。

(4) 与饮用水接触的防护材料浸泡试验共进行 30 天。第 1 次(浸泡第 1 天)和第 6 次(浸泡第 30 天)的浸泡水检验项目为 GB 5149 表 1 中“感官性状和一般化学指标”和“毒理指标”全部项目以及《生活饮用水输配水设备及防护材料卫生安全评价规范》(2001)中 4.1 条中规定项目。其余四次检验的项目为《生活饮用水输配水设备及防护材料卫生安全评价规范》(2001)中表 1 所列基本项目和第 1 次检验中的超标项目。

5.4.3 饮用水处理装置的整机卫生安全应符合国家卫生管理部门有关法规要求。

理解要点：

(1) 国家卫生部门对各类饮用水处理装置的卫生性能也颁布了各类规范及法规，装置的卫生性能也应符合上述法规。

(2) 生活饮用水水质处理器分为一般水质处理器(活性炭、膜过滤和其他)、纯净水处理装置(反渗透水器、纳滤水器、电渗析水器等)及矿化水器三个内容。

(3) 一般水质处理器的整机卫生安全应符合《生活饮用水水质处理器卫生安全与功能评价规

范——一般水质处理器》中条款 5 的要求，即按照产品说明书组装净水器，按照说明书明示的时间或水量进行冲洗，之后注入纯水，对净水器进行冲洗，冲洗时间为 30 min，并用纯水在(25±5)℃下浸泡(24±1)h。

(4) 纯净水处理装置的整机卫生安全应符合《生活饮用水水质处理器卫生安全与功能评价规范——反渗透处理装置》中条款 5 的要求，即按照产品说明书组装净水器，按照说明书明示的时间或水量进行冲洗，之后注入纯水，对净水器进行冲洗，冲洗时间为 30 min，并用纯水在(25±5)℃下浸泡(24±1)h。

(5) 矿化水器的整机卫生安全应符合《生活饮用水水质处理器卫生安全与功能评价规范——矿化水器》中条款 5 的要求，即按照产品说明书组装净水器，按照说明书明示的时间或水量进行冲洗，之后注入纯水，对净水器进行冲洗，冲洗时间为 30 min，并用纯水在(25±5)℃下浸泡(24±1)h。

5.5 电气安全

饮用水处理装置的电气安全应符合 GB 4706.1 要求。

理解要点：

GB 4706.1《家用和类似用途电器的安全　第 1 部分：通用要求》标准是所有家用和类似用途电器均需执行的强制性安全标准，其规定了单相器具额定电压不超过 250 V，其他器具电压不超过 480 V 的家用和类似用途电器的安全要求。

在饮用水处理装置的电气安全方面，大致可分为以下 3 类情况：

a) 不带电，此类情况下净水器不存在电气安全问题；

b) 带有特低电压，此类情况下净水器的安全适用于 GB 4706.1 中的特低电压部分；

c) 带有市电，此类情况下净水器的安全适用于 GB 4706.1 中的非特低电压部分。

5.6 一般使用性能要求

5.6.1 净水水质

饮用水处理装置的净水水质应符合国家卫生管理部门相关法规及 GB 5749—2006 要求。

理解要点：

(1) 所有饮用水处理装置的净水水质均应不低于 GB 5749—2006 要求。

(2) 其中，反渗透饮用水处理装置净水水质还应符合《生活饮用水水质处理器卫生安全与功能评价规范——反渗透处理装置》(2001)第 6.3 条要求。

5.6.2 总净水量

总净水量应大于标称总净水量。

理解要点：

(1) “总净水量”可以理解为产品的寿命。在寿命周期内，装置的各项性能指标、安全指标均应符合本标准要求。

(2) 制造商标称的“总净水量”，应为最保守值，即当产品的“总净水量”实测值高于标称值的一定范围时，各项性能指标仍能符合本标准要求。

5.6.3 净水流量

a) 非连续式饮用水处理装置净水流量应不低于 2 L/h。

b) 连续式饮用水处理装置净水流量应不低于 6 L/h。

c) 净水流量均应不低于标称净水流量。

理解要点：

水处理装置的净水总量达到标称总净水量时，测得的净水流量应不低于标称净水流量。

5.6.4 噪声

饮用水处理装置正常运转时，噪声声功率级不得超过 65 dB(A)。

理解要点：

“正常运转时”是指：

a) 使用条件符合 5.1 要求。

b) 水处理装置处于正常工作状态。

5.6.5 控制性能

控制装置灵敏可靠，具有自动保护和控制功能。

理解要点：

(1) 装置应当具备自动操作的功能，如设置有水储存装置的净水机，有无水源保护(即缺水保护)、储存水不够时自动产水、水满时自动停机等功能；如无储存装置的净水机，应有开龙头自动产水、关龙头自动停机的功能。

(2) 采用电气控制装置的净水机，各控制元件要求动作灵敏，且满足上述功能。

5.7 特殊使用性能要求

5.7.1 净水机(器)

5.7.1.1 净水机水处理单元的再生率≥70%。

理解要点：

(1) 水处理单元运行一段时间后，由于饱和、污堵等原因，会导致主要功能丧失或下降而不能保证其相关指标符合要求。

(2) “主要功能”是指本标准“一般使用性能”中的一项或多项，或者是“特殊使用性能”中的某些特定项。

(3) 水处理单元经过化学方法再生后，功能应能得到恢复，且再生率不低于 70%。如树脂的软化能力、膜元件的通量及截留率等。

(4) 经过再生后，其某一性能指标不能符合本标准要求，表明再生失败，需要更换。

5.7.1.2 纳滤净水机。

a) 回收率≥40%；

b) 二价离子去除率≥90%。

理解要点：

(1) 纳滤净水机的回收率≥40%，而纯水机的回收率≥30%。

(2) 纳滤净水机对二价离子的去除率不得低于 90%，主要是指对 $MgSO_4$ 的去除。

5.7.2 软水机(器)

5.7.2.1 软水机(器)应有保持阳离子交换树脂含水量的措施。

理解要点:

(1) 软水器中装填的阳离子交换树脂,在出厂时含有一定量的水分(化合水),水分流失后会导致树脂的碎化或功能衰减。因此,有必要保持其中的水分。

(2) 软水器整机出厂时,如不采取一定的技术手段,不排除进、产、冲洗水管中的一路或几路存在处于开放状态的可能,易导致树脂的风化。

5.7.2.2 带有控制阀的软水机,其控制阀在循环运转10 000次后应能正常工作。

理解要点:

(1) 软水器配置的控制阀,为软水器中价值较高的核心元件,需要有不少于软水器本体机构的使用寿命,以有效减低软水器的维护成本。

(2) 软水器的正常运行周期通常包括软化→注水→吸盐→反洗→快速清洗等过程,全过程成为一个循环。每一个过程都涉及控制系统中阀门的开、闭,会对控制阀产生磨损而影响其密封性及灵敏性。

(3) 控制阀在循环运转10 000次后应能正常工作。

5.7.2.3 在工作压力范围内,软水机处于注水状态时,盐罐注水的液位应控制在设定的高度。对设有液位控制器的交换器,液位控制器不得泄漏或提前关闭。

理解要点:

(1) 每一次再生需要吸取盐水,也需要补充水去溶解盐箱中添加或剩余的再生盐,因此,补水的液位应当得到控制,防止溢流或泄漏,以免给消费者带来不必要的损失。

(2) 液位控制器应有很好的密封性能,以防盐水渗漏。

(3) 控制器应当动作灵敏。提前关闭会导致注水不足,进而导致再生不足,影响软水器性能。

5.7.2.4 在周期制水量内,产水硬度应不大于50 mg/L。

理解要点:

(1) 对软水器产水硬度作出明确规定,不大于50 mg/L。

(2) 为保证产水硬度符合本标准要求,在产品设计时,应设定合理的再生周期。

5.7.2.5 再生率≥95%。

理解要点:

(1) 软水器应采取合理的再生方式、设定合理的再生周期,确保再生率。

(2) 在运行过程中,鉴于水质的复杂性(如污染程度高、余氯含量高、铁锰含量高等),有可能产生树脂中毒现象,或者随着水流的不断冲刷,树脂磨损碎化流失,树脂层的功能会有不同程度的衰减,其再生率无法达到100%,但要求不低于95%。

5.7.3 纯水机(器)

5.7.3.1 脱盐率≥85%。

▶ **理解要点：**

(1) 纯水机是指以电渗析、反渗透、离子交换及蒸馏等为主要技术手段的水质处理器。

(2) 上述四种技术的脱盐率各不相同，但在标准试验条件下，不得低于85%。

5.7.3.2　回收率≥30%。

▶ **理解要点：**

纯水机的回收率不应小于30%。

5.7.4　矿化水机(器)

矿化水机(器)的矿化界限指标和限量指标应符合GB 8537要求。

▶ **理解要点：**

(1) 矿化界限指标见表2-1。

表2-1　天然矿泉水界限指标

项目		指标
锂/(mg/L)	≥	0.20
锶/(mg/L)	≥	0.20(含量在0.20 mg/L～0.40 mg/L时，水源水水温应在25 ℃以上)
锌/(mg/L)	≥	0.20
碘化物/(mg/L)	≥	0.20
偏硅酸/(mg/L)	≥	25.0(含量在25.0 mg/L～30.0 mg/L时，水源水温应在25 ℃以上)
硒/(mg/L)	≥	0.01
游离二氧化碳/(mg/L)	≥	250
溶解性总固体/(mg/L)	≥	1 000

(2)限量指标见表2-2：

表2-2　天然矿泉水限量指标

项目		指标
硒/(mg/L)	<	0.05
锑/(mg/L)	<	0.005
砷/(mg/L)	<	0.01
铜/(mg/L)	<	1.0
钡/(mg/L)	<	0.7
镉/(mg/L)	<	0.003
铬/(mg/L)	<	0.05
铅/(mg/L)	<	0.01
汞/(mg/L)	<	0.001
锰/(mg/L)	<	0.4
镍/(mg/L)	<	0.02
银/(mg/L)	<	0.05

表 2-2（续）

项 目		指 标
溴酸盐/(mg/L)	<	0.01
硼酸盐(以 B 计)/(mg/L)	<	5
硝酸盐(以 NO_3^- 计)/(mg/L)	<	45
氟化物(以 F^- 计)/(mg/L)	<	1.5
耗氧量(以 O_2 计)/(mg/L)	<	3.0
^{226}镭放射性/(Bq/L)	<	1.1

第 6 章 试验方法

一、概述

本章提出了检验原则，对检验环境、检验方法进行了具体的说明，告诉使用者如何进行检验。

二、条款解释

6.1 一般试验条件

6.1.1 除特殊规定外，试验应在下列条件下进行：

a) 实验室的环境温度(25±5)℃范围内可调、无外界热气流和热辐射作用的室内进行；

理解要点：

(1) 环境温度影响水温及装置的性能，因此，设定环境温度和水温基本一致。

(2) 不同规模的试验室，硬件条件存在差异±5 ℃的可调范围，是大多数试验室可以达到的条件。

(3) 外界热气流及热辐射的存在，既影响测试结果的精准性，也存在不利于设备、人员的安全隐患。

b) 试验用水温度在(25±1)℃；

理解要点：

很多装置采用了膜法技术，而膜的设计参数以水温 25 ℃为基准，为保持装置的试验条件和膜的试验条件一致，且统一各类装置的试验条件，本标准作出了上述规定。

c) 相对湿度 45%～75%；

理解要点：

(1) 为保证试验的精准性及试验仪器的使用安全，对试验环境湿度提出一定的要求。

(2) 上述湿度条件对电气件的安全，是必要的。

d) 电源电压按制造商标称值。

理解要点：

满足带电机型的正常运行要求，测试过程中应使用稳压电源。

6.1.2 试验进水水质：

a) 软水机(器)：

硬度：(342±34.2)mg/L(以 $CaCO_3$ 计)；

铁：<0.1 mg/L；

pH 值：7.5±0.5；

TDS：350～500 mg/L；

浑浊度：<1.0 NTU；

钠：≤85.5 mg/L。

理解要点：

(1) 对软水机(器)进行相关性能测试时，试验用水水质需满足上述要求。

(2) 在软水机(器)性能测试过程中，试验用水水质不能满足上述要求时，所测性能结果无效。

b) 纯水机(器)：

TDS：200～500 mg/L；

pH：7.5±0.5；

浑浊度：<1.0 NTU；

TOC：≤1 mg/L。

c) 除上述之外的饮用水处理装置：符合 GB 5749 的市政自来水或其他集中式供水。

理解要点：

(1) 对纯水机(器)进行相关性能测试时，试验用水水质需满足上述要求。

(2) 在纯水机(器)性能测试过程中，试验用水水质不能满足上述要求时，所测性能结果无效。

6.1.3 试验水压力：连续式饮用水处理装置为(0.2±0.02)MPa；非连续式饮用水处理装置为常压。

理解要点：

(1) 连续式饮用水处理装置的进水压力为(0.2±0.02) MPa。

(2) 非连续式饮用水处理装置为人工加水方式，其正常运行压力即为常压。

6.1.4 结构完整性试验，应在封闭隔离的环境下进行，以防止在试验过程中发生造成人员伤害或财产损坏的危险。

理解要点：

(1) 强调试验时必须具备安全防护设施或措施。

(2) 结构完整性试验为破坏性试验，在实验过程中，有可能发生滤瓶(承压容器)爆裂现象，必须对试验人员施加保护措施。

6.1.5 饮用水处理装置的安装、水处理单元的冲洗或再生按制造商提供的使用说明书的规定进行。

理解要点：

(1) 各装置制造商所采用的滤芯滤材及制水工艺会有所区别，不能以统一的方式进行。

(2) 对于具有滤芯冲洗和再生操作程序的，装置制造商应当在说明书中予以说明，试验按照说明书的规定方法进行。

6.1.6　主要测量仪器及其要求：

a)　测量温度的仪器，型式检验时应精确到±0.3 ℃，出厂检验时应精确到±1 ℃；

b)　电工仪表中电流表、电压表等的准确度，型式检验时应不低于 0.5 级，出厂检验时应不低于1.0 级；

c)　噪声测试仪器：采用噪声测试仪；

d)　饮用水处理装置表面振动的测试仪器要求频率响应范围为 10～1 000 Hz，在其频率范围内的相对灵敏度以 80 Hz 的相对灵敏度为基准，其他频率的相对灵敏度应不超过－10%～＋20%；

e)　带刻度容器体积测量精度应不低于 10 mL，量程根据测量需要确定；

f)　计时器的准确度应达到±1 s；

g)　压力测量仪器，在测量点上的测量精确度和精密度应当达到 2%。

理解要点：

(1) 规定了各类性能试验时所采用的仪器仪表。

(2) 各仪器仪表的精度必须满足规定要求，且需通过相关权威机构验证确认。

(3) 注意区分精确度和准确度的概念：

精确度：指在规定的条件下获得的各个独立观测值之间的一致程度。

准确度：指测量结果与被测量真值之间的一致程度。

6.2　外观

视检。

理解要点：

(1) 饮用水处理装置外观应清洁、整齐、无锈蚀。

(2) 饮用水处理装置外露结构件表面应平整光滑、色泽均匀，无锐利棱边。

(3) 饮用水处理装置涂层表面应平整光亮，颜色均匀一致，涂层牢固，表面不应有明显的流疤、划痕、皱纹、麻坑、起泡、漏涂或集合沙粒等缺陷。

(4) 电镀件的装饰镀层应光洁细密、色泽均匀，不应有斑点、锈点、针孔、气泡或镀层剥落等缺陷。

(5) 塑料件的表面应平整光滑，色泽均匀，不应有裂痕、气泡、明显缩孔和变形等缺陷。

6.3　结构

6.3.1　视检。

理解要点：

(1) 通过目测判断，装置各易损件及耗材的维修更换，是否方便(不必拆卸整机，仅依靠常用或制造商随机配送的工具即可进行维护更换操作)。

(2) 按照寿命的长短(更换的频率)布置各零部件的层次，是装置设计的基本准则，即在不影响结构及美观的情况下，更换频率最高的元器件应当在最外层，以此类推。

6.3.2　视检。

理解要点：

(1) 根据制造商提供的工艺流程，逐级检查管线，确认其合理性，并检查在运行过程中，是否会存在打折、脱落等情况。

(2) 确认管线的布局是否有利于操作维护。

6.3.3 结构性能试验

6.3.3.1 试验仪器

循环压力试验和静水压力的试验装置如图 1 所示。

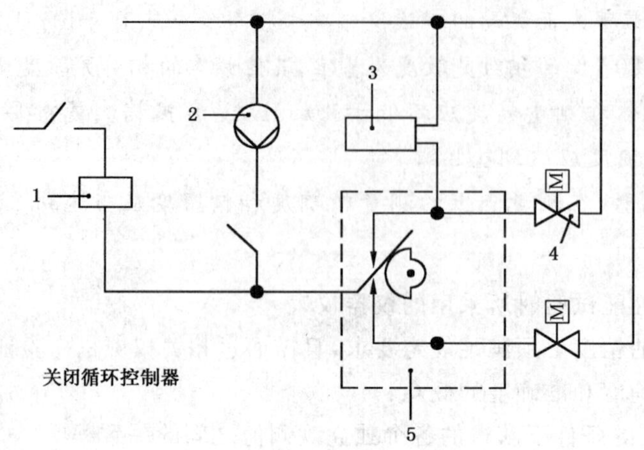

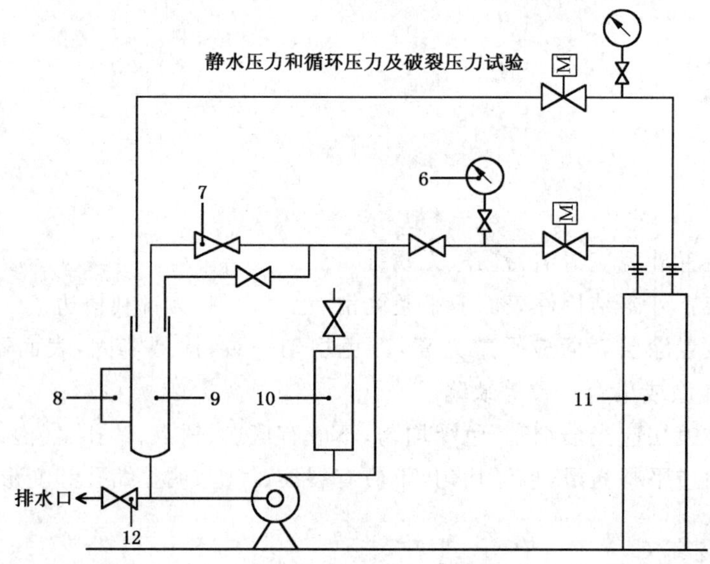

说明：

1 ——低水位报警装置；

2 ——泵；

3 ——计数器；

4 ——电磁阀；

5 ——循环计时器；

6 ——压力表；

7 ——泄压阀；

8 ——低水位报警装置；

9 ——贮水容器；

10——压力罐；

11——试验装置；

12——排水装置。

图 1 结构性能试验装置示意图

理解要点：

(1) 试验装置及其各元器件的规格参数，各实验室可根据实际情况自行配置。

(2) 试验装置各仪器仪表的精度应符合 6.1.6 的要求，各控制类元器件的寿命应高于测试样件同类型元器件的寿命。

6.3.3.2　静水压力试验-整机

按下列规定对试样进行静水压力试验：

a) 试验用水的温度应保持在 13～24 ℃，且应调整到在试验装置的表面不会形成冷凝水；

b) 将试样的进水口连接到图 1 中所示的试验装置上，且使试样的阀门、管路的开闭状态与正常使用状态一致；

c) 通过向试样内注满水并冲洗，使试样内的空气全部排空。关闭试样的出水口，将试样的控制阀门调整到正常工作位置后，对试样的所有在正常工作过程中可能会承受系统管路压力的部件，包括进水口和出水口的零部件，施加压力；

d) 以不超过 0.4 MPa/s 的升压速度，在 5 min 内将静水压力增加到表 1 中规定的压力值；

e) 将试验压力保持 15 min。在整个试验过程中，不断地检查试样的水密性，观察是否存在渗漏现象。

理解要点：

(1) 试验用水的温度应保持在 13～24 ℃，且应调整到在试验装置的表面不会形成冷凝水；试验装置表面冷凝水的形成，会影响对试验结果(是否漏水、漏水程度)的判定。

(2) 在试验初期，必须排除管路、容器内的空气，因为空气的压缩比远大于水，当出现意外(试验样件的结构性能没有达到设定要求)时，会产生爆炸，对试验人员的人身安全和试验室的财产安全可能会造成不必要的伤害。

(3) 升压速度不能超过 0.4 MPa/s，并且在 5 min 内将静水水压力增加到本标准表 1 中规定的压力值。

(4) 将试验压力保持 15 min。试验过程中，不断地检查试样的水密性。测试过程中，切勿打开结构性能试验装置试验仓；试验结束后，结构性能试验装置泄压后方可进入。

6.3.3.3　破裂试验-承压部件

按下列规定对试样进行破裂压力试验：

a) 试验用水的温度应保持在 13～24 ℃，且应调整到在试验装置的表面不会形成冷凝水；

b) 按正常安装和操作规定进行完整组装；

c) 应通过水泵系统将试样连接到图 1 所示试验装置的供水端上；

d) 应尽可能使用螺纹零件封闭试样上所有保留的开口，通过注满水并冲洗，使试样内的空气全部排空；

e) 以不超过 0.4 MPa/s 的升压速度，水压应在试验开始之后的 70 s 内达到表 1 规定的破裂压力值，或试样在更低压力下失效为止。在达到规定的破裂压力值后，应保持 5 s，再进行泄压。

理解要点：

(1) 试验用水的温度应保持在 13～24 ℃，且应调整到在试验装置的表面不会形成冷凝水；试验装置表面冷凝水的形成，会影响对试验结果(是否漏水、漏水程度)的判定。

(2) 尽可能使用螺纹零件封闭试样上所有保留的开口，通过注满水并冲洗，使试样内的空气全部排空。

(3) 以不超过 0.4 MPa/s 的升压速度升压,水压应在试验开始之后的 70 s 内达到表 1 规定的破裂压力值,或试样在更低压力下失效为止。

(4) 在达到规定的破裂压力值后,应保持 5 s,再进行泄压。

(5) 观察承压部件有无泄漏或破裂。

6.3.3.4 循环压力试验

按下列规定进行循环试验:

a) 整个循环试验过程的水温应保持在(20±3)℃。试验用水的温度应调整到在试验装置的表面不会形成冷凝水;

b) 试样的进水口应当连接到图 1 中所示的试验装置上。试样应在选择关闭排水管路的情况下,与正常使用状态一致;

c) 在试样内注满水,用水对整个试样进行冲洗,以便排空试样内的全部空气。关闭试样的出水口,将试样的控制阀调整到正常工作位置上。然后对试样中所有在正常工作过程中可能会承受压力的部件,包括试样进水口和出水口的部件,施加压力;

d) 将计数器归零,或记录其初始读数后,开始压力循环试验。压力上升时间应不小于 1 s、不大于 10 s,并且另一个压力循环开始之前,使试验装置的压力返回到 0.014 MPa 以下;

e) 按表 1 的循环压力规定进行循环。在整个试验过程中,应周期性地检查系统的水密性,观察是否存在渗漏现象。

▶ 理解要点:

(1) 实验室必须具备试验水温的调节手段。整个循环试验过程的水温应保持在(20±3)℃。试验用水的温度应调整到在试验装置的表面不会形成冷凝水。

(2) 试验样件中空气的存在,会影响测试结果,并有可能给实验室及实验人员带来巨大安全隐患,因此,试验中,必须充分排除空气。

(3) 压力上升时间应不小于 1 s、不大于 10 s,并且另一个压力循环开始之前,使试验装置的压力返回到 0.014 MPa 以下。

(4) 按表 1 的循环压力规定进行循环。在整个试验过程中,应周期性地检查系统的水密性,观察是否存在渗漏现象。

6.3.4 其他结构性能试验方法按 GB 4706.1。

▶ 理解要点:

GB 4706.1 对电气布置、整机的机械性能等,有明确的试验方法。

6.4 卫生安全试验

6.4.1 饮用水处理装置的化学处理剂按 GB/T 17218 规定和国家卫生管理部门相关规定要求进行样品采集和配制,试验方法按 GB/T 5750.1~5750.13—2006。

▶ 理解要点:

(1) 化学处理剂按照卫生部《生活饮用水化学处理剂卫生安全评价规范》(2001)附录 A 要求进行样品采集和配制。

(2) 检验方法按照 GB/T 5750.1~5750.13 进行。

(3) 毒理学安全性评价程序和试验方法按照卫生部《生活饮用水化学处理剂卫生安全评价规范》(2001)附录 B 进行。

6.4.2　饮用水处理装置与水接触材料及部件按 GB/T 17219 规定和国家卫生管理部门相关规定进行样品预处理及毒理学评价。试验方法按 GB/T 5750.1～5750.13—2006。

理解要点：

(1) 与水直接接触的器件(包括管道和容器等)、防护材料和水处理材料，按照《生活饮用水输配水设备及防护材料卫生安全评价规范》附录 A 和附录 B 的规定进行试验；

(2) 检验方法按照 GB/T 5750.1～5750.13 进行；

(3) 毒理学安全性评价程序和试验方法按照《生活饮用水输配水设备及防护材料卫生安全评价规范》附录 C 进行。

6.4.3　整机卫生安全试验的浸泡、增加量限值、水样的采集步骤按国家卫生管理部门相关规定执行。试验方法按 GB/T 5750.1～5750.13—2006。

理解要点：

(1) 按照产品说明书冲洗净水器，并确保整机处于正常工作状态。

(2) 用纯水注入试验样机中，冲洗 30 min 后，关闭出水口和进水口，将净水机中的纯水在室温(25±5) ℃保持(24±1)h。

(3) 检验方法按 GB/T 5750.1～5750.13 的方法进行。

6.5　电气安全试验

饮用水处理装置电气安全按 GB 4706.1 的方法试验。

理解要点：

(1) 带电类机型，按照 GB 4706.1 的规定进行电气安全指标测试。

(2) 无电源机型，不必进行此项测试。

6.6　一般使用性能试验

6.6.1　净水水质试验

饮用水处理装置的净水水质试验指标和采样方法按国家卫生管理部门相关规定。试验方法按 GB/T 5750.1～5750.13—2006。

理解要点：

(1) 净水水质试验进水压力为(0.024±0.02)MPa。

(2)《卫生部涉及饮用水卫生安全产品检验规定》(2001)第 3.5.2.1 条规定了一般水质处理器卫生功能的总体性能试验方法。

(3)《卫生部涉及饮用水卫生安全产品检验规定》(2001)第 3.7.2.1 条规定了纯净水处理器卫生功能的总体性能试验方法。

(4)《卫生部涉及饮用水卫生安全产品检验规定》(2001)第 3.6.2.1 条规定了矿化水器卫生功能的总体性能试验方法。

(5) 软水器的检验参照一般水质处理器。

(6) 其他水质处理器，在国家没有出台针对性的法规之前，按国家卫生管理部门的规定执行。

(7) 各理化指标的检验遵照 GB/T 5750.1～5750.13—2006。

6.6.2 总净水量试验

按国家卫生管理部门相关规定进行试验后最终符合要求时的净水总量,即为该装置的总净水量。

▶ **理解要点:**

(1) 水处理装置稳定运行后,开始计量产水量。

(2) 水处理装置(一般水质处理器)按照《卫生部涉及饮用水卫生安全产品检验规定》(2001)中3.5.2条款规定进行总体性能试验、加标试验。

(3) 水处理装置(纯净水处理器)按照《卫生部涉及饮用水卫生安全产品检验规定》(2001)中3.6.2条款规定进行总体性能试验、浓度和稳定性试验。

(4) 水处理装置(矿化水器)按照《卫生部涉及饮用水卫生安全产品检验规定》(2001)中3.7.2条款规定进行总体性能试验、加标试验。

(5) 当产水总量达到净水机制造商"总净水量"标称值时,再产出标称总净水量的10%的水量时,各项指标仍符合规定,则该产水总量为该试验样机的"总净水量"。

6.6.3 净水流量试验

启动试验样机运行,当净水总量达到标称总净水量时,在出水口收集300 s±2 s的净水,测出其水量,每隔5 min收集一次,共收集3次,取3次测试值的算术平均值作为试验结果。

▶ **理解要点:**

带压力式储水容器的装置在测试时,全过程应取消储水容器。净水流量试验进水压力为(0.24±0.02)MPa。

6.6.4 噪声试验

按GB/T 4214.1中7.1.1、7.1.4的方法测定。

▶ **理解要点:**

(1) 测试噪声应在专门的噪声测试室进行,背景噪声与器具噪声压级最好低于15 dB(A)。

(2) 测试样机的安装方式应按制造商提供的使用说明书的规定进行。

(3) 确保各紧固件、连接件保持出厂状态。

6.6.5 控制装置性能试验

启动试验样机运行,按照产品说明要求操作,确认各控制功能的灵敏性及可靠性。

▶ **理解要点:**

(1) 在基本模拟实际使用状态下,验证关键节点性能的快速试验方法。

(2) 储水系统的储水状态表现形式有压力式和水位式两种形式。

(3) 压力式储存系统一般采用压力开关来控制储存量及净水机的停止和启动。在试验时,可以在净水机储水管路上安装压力表,来测定净水机运行的灵敏性及压力控制点的准确性。

(4) 某些机型在试验时,可能会有延滞现象,延滞时间应不大于《产品说明书》中的规定时间。

(5) 受余压的影响,净水机停止运行后,终端水流可能会有短暂持续,但不作为否定电控性能符合要求的判定依据。

6.7　特殊使用性能试验

6.7.1　净水机(器)

6.7.1.1　再生率的测试

a)　按照产品说明要求，对待测样机进行再生。

理解要点：

(1)“再生”主要包括膜组件的化学清洗，一般可分为冲洗⟶配药⟶浸泡⟶再冲洗(正、反)等步骤，上述从“冲洗”到“再冲洗”步骤为一个再生循环。

(2)当由于原水水质、使用习惯等原因导致膜组件堵塞情况较预期严重，可进行多次循环。

(3)根据堵塞情况的不同，可能需要多种药剂处理，每一种药剂的清洗都需要进行上述的循环。

(4)上述的“再生”，一般需要专业维修人员进行。

b)　启动试验样机，按 6.6.2、6.6.3 方法，测试其在再生后的累积产水量和产水流量，分别计算和总净水量、净水流量的比值。二者均应≥70%。

理解要点：

(1)再生完成后，按“初次使用”状态进行操作、运行。

(2)测试其累计产水量和产水流量，和标称值相比较。

6.7.1.2　纳滤机(器)

a)　回收率的测试

在总净水量测试过程中，当进行到总净水量标称值时，使净水出水端开放后，测定净水流量、进水流量和浓缩水流量，并按式(1)或式(2)进行计算回收率。

$$Y=\frac{Q_p}{Q_f}\times 100 \qquad \cdots\cdots(1)$$

$$Y=\frac{Q_p}{(Q_p+Q_r)}\times 100 \qquad \cdots\cdots(2)$$

式中：

Y ——原水回收率，%；

Q_p——净水流量，单位为升每小时(L/h)；

Q_f——进水流量，单位为升每小时(L/h)；

Q_r——浓缩水流量，单位为升每小时(L /h)。

理解要点：

(1)集水器具应符合本标准要求，量程根据实际需求选定。

(2)测试过程中，净水器不带有储水容器。

(3)当总净水量达到标称值时，方可进行净水流量、进水流量和浓缩水流量的测试。

(4)进水流量和浓缩水流量的测试方法与净水流量测试方法相同。

(5)回收率试验进水压力为(0.24±0.02)MPa。

b)　二价离子去除率试验

用纯水和纯度>99.5%的 $MgSO_4$ 配制浓度为 250×10^{-6} 的测试溶液，调整 pH 值至 7.5±0.5、

运行压力至0.31 MPa、回收率15%，在该条件下运行30 min后，可采用下列两种方法之一进行测定。

理解要点：

（1）为保证试验的准确性，所需的试验用水及试剂尽量纯净，试验用水一般为电导率不大于10 μS/cm的纯水，试验用 $MgSO_4$ 试剂一般为分析纯。$MgSO_4$ 的浓度为(250±10)mg/L。

（2）测试溶液的pH为7.5±0.5，供水压力为0.31 MPa；调整净水器，使其回收率为15%。

（3）在满足上述测试条件的前提下，净水器运行30 min后，方可进行二价离子去除率试验的取样。

1） 重量法（仲裁法）

按GB 5750.4—2006规定的溶解性总固体检测方法测量进水和渗透水含盐量，然后采用式(3)计算，保留两位有效数字：

$$R=\frac{C_f-C_p}{C_f}\times 100 \qquad \cdots\cdots(3)$$

式中：

R ——二价离子去除率，%；

C_f ——进水含盐量，mg/L；

C_p ——渗透水含盐量，mg/L。

理解要点：

（1）所采用的试验用水为纯水，其所测定的含盐量实质上就是水中硫酸镁的含量。

（2）该方法已经排除了很多影响测试结果的因素，测试结果较为精准。

2） 电导率测定法

电导率测定法是用电导率仪分别测定进水电导率和渗透水电导率，然后采用式(4)计算，保留两位有效数字：

$$R=\frac{C_1-C_2}{C_1}\times 100 \qquad \cdots\cdots(4)$$

式中：

R ——二价离子去除率，%；

C_1 ——进水电导率，μs/cm；

C_2 ——渗透水电导率，μs/cm。

理解要点：

（1）电导率可以基本反映水的含盐量。

（2）该方法测试过程简单易行，结果近似于重量法。一般用于产品抽检的测试和产品调试后的验证。

6.7.2 软水机（器）

6.7.2.1 通过视检，检查软水机的进水口、产水口、排水口、吸盐口是否有可靠的密封措施。

理解要点：

（1）密封措施属于产品的硬件，可以通过肉眼判断。

（2）进水口、产水口、排水口、吸盐口都是树脂层和大气连通的渠道，任何一处的不严密，都有可能导致树脂中水分的丢失。

6.7.2.2 控制阀循环测试

a) 试验用水的温度保持在(18±5)℃,且调整到在试验装置的表面不会形成冷凝水;

b) 将软水机的进水口连接到图 1 中所示的试验装置上,且使软水机的阀门、管路的开闭状态与正常使用状态一致;

c) 通过向软水机内注满水并冲洗,使软水机内的空气全部排空。关闭软水机的产水口,将软水机的控制阀调整到正常工作位置;

d) 设置控制阀制水、再生等各阶段为最少时间或流量,进行测试并记录循环次数;

e) 在整个试验过程中,应周期性地检查系统,观察控制阀在各工位的运行情况是否正常。

理解要点:

(1) 实验室必须具备试验水温的调节手段,试验用水的温度保持在(18±5)℃,且调整到在试验装置的表面不会形成冷凝水。

(2) 试验样件中空气的存在,导致产生异常噪音及影响测试结果,并有可能给实验室及实验人员带来巨大安全隐患,因此,试验中,必须充分排除空气。

(3) 设置最少时间和流量,便于缩短试验时间。

(4) 在整个试验过程中,应周期性地检查系统,观察控制阀在各工位的运行情况是否正常。

6.7.2.3 按照控制阀循环测试的调节方法,在每个循环周期结束后,检查盐箱补水液位是否达到设定高度。

理解要点:

在每个循环周期结束后,检查盐箱补水液位是否达到设定高度,验证补水装置的灵敏性及可靠性。

6.7.2.4 出水硬度试验

按照国家卫生管理部门相关规范规定的方法进行取样和试验,测试方法按照 GB 5750.1～5750.13—2006 进行。

理解要点:

(1) 取样方法按照《卫生部涉及饮用水卫生安全产品检验规定》(2001)执行。

(2) 硬度检验方法按照 GB/T 5750.4—2006 第 7 章执行。

6.7.2.5 再生率试验

按照 6.7.1.1 的方法进行。

理解要点:

(1) 试验方法参照本标准 6.7.1.1。

(2) 验证指标包括净水流量,周期净水总量。

6.7.3 纯水机(器)

6.7.3.1 脱盐率的测试

a) 采样方法按中华人民共和国国家卫生管理部门相关规定执行。

b) 按 GB/T 19249—2003 中 6.2.1 方法试验。

理解要点:

(1) 采样方法按照《卫生部涉及饮用水卫生安全产品检验规定》(2001)执行。

(2) 按 6.1.2 b)要求配制试验用水。

(3) 试验方法按 GB/T 19249—2003,即本标准 6.7.1.2 b)。

6.7.3.2 回收率的测试

按照 6.7.1.2 的方法进行。

理解要点:

(1) 集水器具应符合本标准要求,量程根据实际需求选定。

(2) 测试过程中,净水器不带有储水容器。

(3) 当总净水量达到标称值时,方可进行净水流量、进水流量和浓缩水流量的测试。

(4) 进水流量和浓缩水流量的测试方法与净水流量测试方法相同。

(5) 回收率试验进水压力为(0.24±0.02)MPa。

6.7.4 矿化指标试验

6.7.4.1 采样方法按中华人民共和国国家卫生管理部门的相关规定执行。

6.7.4.2 按 GB/T 8538 中规定的方法试验。

理解要点:

(1) 非大型的矿化水器按《卫生部涉及饮用水卫生安全产品检验规定》(2001) 规定的“矿化水器”进行。

(2) 大型的矿化水器按大型水质处理器进行。

(3) 矿化指标及限制按 GB/T 8538,其余按 GB/T 5750.1～5750.13—2006。

第 7 章 检验规则

一、概述

本章提出了产品的验收规则,产品检验分为例行检验和型式试验,并对每种检验需要检验的项目进行了规定。

二、条款解释

7.1 检验分为出厂检验和型式检验。

理解要点:

(1) 产品的检验类型有两种:出厂检验和型式检验。

(2) 出厂检验是产品交货的必经环节。

7.2 出厂检验

7.2.1 检验合格后才能出厂。

理解要点:

(1) 制造商必须设置质量检验,且出厂产品必须经过质量检验。

(2) 出厂的产品必须确保经过检验环节(或过程)检验为合格的产品。

7.2.2　出厂检验项目、要求、检验方法、检验形式及不合格分类见表 2。

理解要点：

(1) 出厂检验项目为净水机使用者所关注的项目。

(2) 非破坏性项目采用全检方式，破坏性项目采用抽检方式。

7.2.3　出厂检验的组批、抽样方案及判定按 GB/T 2828.1 的规定进行，其中检验水平和接收质量上限 AQL 值由制造商根据自身的控制需要或按供需双方需要确定。

理解要点：

(1) 抽样方法按 GB/T 2828.1《计数抽样检验程序　第 1 部分：按接收质量限(AQL)检索的逐批检验抽样计划》中的“8 样本的抽取”“9 正常、加严和放宽检验”“10 抽样方案”执行，检验项目可以由制造商按本标准 7.2.4、7.3.2 决定或由制造商与采购方协商。

(2) 检验水平和接收质量上限 AQL 值可由制造商确定或供需双方共同确定。

7.2.4　微生物指标和电气安全如出现一项不合格，即判该批产品不合格。

表 2　出厂检验项目

检验项目		要求	检验方法	检验型式	不合格分类		
					A	B	C
外观		5.2	6.2	全检			√
结构性能		5.3.3 中的“整机(不包括出水容器)的静水压力试验	6.3.3	抽检	√		
电气安全	防触电保护	5.5	6.5	全检	√		
	泄漏电流和电气强度	5.5	6.5	全检	√		
	接地措施	5.5	6.5	全检	√		
菌落总数		5.6.1	6.6.1	抽检	√		
净水流量		5.6.3	6.6.3	抽检		√	
噪声		5.6.4	6.6.4	抽检			√
控制性能		5.6.5	6.6.5	抽检		√	
标志、合格证、包装、附件		8.1、8.2	视检	全检			√

理解要点：

(1) 微生物指标及电气安全项目，均为 A 类不合格，出厂产品不得出现 A 类不合格。

(2) 上述缺陷具有批次性特征。

7.3　型式检验

7.3.1　型式检验每年进行一次。下列情况之一时，亦应进行型式检验：

a)　新产品定型鉴定时；

b)　更改主要原材料、零部件或更改重大工艺设计时；

c) 停产半年后，恢复生产时；

d) 国家质量监督机构或卫生监督机构要求检验时；

e) 出现重大质量事故时。

理解要点：

(1) 型式检验项目包含了本标准第5章对净水机要求的所有性能、指标。

(2) 在正常连续生产情况下，型式检验可每年进行一次。当出现本标准所列举的特殊情况时，应立即进行型式检验。

(3) 新产品鉴定时的型式检验是为了验证各项性能指标是否符合产品设计要求或本标准要求。

(4) 工艺、原材料、零部件特别是涉水部件的更改，将对产品性能产生影响。

(5) 长时间停产后重新恢复生产时，会导致生产条件产生变化而影响整机性能，特别是零部件长时间的储存、供应商的变化等。

7.3.2 型式检验的项目见表3。

表3 型式检验项目

<table>
<tr><th colspan="2" rowspan="2">检验项目</th><th rowspan="2">要　求</th><th rowspan="2">检验方法</th><th colspan="3">不合格分类</th></tr>
<tr><th>A</th><th>B</th><th>C</th></tr>
<tr><td colspan="2">外观要求</td><td>5.2</td><td>6.2</td><td></td><td></td><td>√</td></tr>
<tr><td colspan="2">结构要求</td><td>5.3</td><td>6.3</td><td>√</td><td></td><td></td></tr>
<tr><td colspan="2">卫生安全</td><td>5.4</td><td>6.4</td><td>√</td><td></td><td></td></tr>
<tr><td rowspan="3">电气安全</td><td>防触电保护</td><td>5.5</td><td>6.5</td><td>√</td><td></td><td></td></tr>
<tr><td>泄漏电流和电气强度</td><td>5.5</td><td>6.5</td><td>√</td><td></td><td></td></tr>
<tr><td>接地措施</td><td>5.5</td><td>6.5</td><td>√</td><td></td><td></td></tr>
<tr><td rowspan="5">一般使用性能要求</td><td>净水水质</td><td>5.6.1</td><td>6.61</td><td>√</td><td></td><td></td></tr>
<tr><td>总净水量</td><td>5.6.2</td><td>6.6.2</td><td></td><td>√</td><td></td></tr>
<tr><td>净水流量</td><td>5.6.3</td><td>6.6.3</td><td></td><td>√</td><td></td></tr>
<tr><td>噪声</td><td>5.6.4</td><td>6.6.4</td><td></td><td>√</td><td></td></tr>
<tr><td>控制性能</td><td>5.6.5</td><td>6.6.5</td><td></td><td>√</td><td></td></tr>
<tr><td rowspan="2">净水机（器）</td><td>再生率</td><td>5.7.1.1</td><td>6.7.1.1</td><td></td><td>√</td><td></td></tr>
<tr><td>纳滤机回收率</td><td>5.7.1.2</td><td>6.7.1.2</td><td></td><td>√</td><td></td></tr>
<tr><td rowspan="5">软水机（器）</td><td>保湿措施</td><td>5.7.2.1</td><td>6.7.2.1</td><td></td><td>√</td><td></td></tr>
<tr><td>控制阀可靠性</td><td>5.7.2.2</td><td>6.7.2.2</td><td></td><td>√</td><td></td></tr>
<tr><td>盐水液位控制性能</td><td>5.7.2.3</td><td>6.7.2.3</td><td></td><td>√</td><td></td></tr>
<tr><td>产水硬度</td><td>5.7.2.4</td><td>6.7.2.4</td><td>√</td><td></td><td></td></tr>
<tr><td>再生率</td><td>5.7.2.5</td><td>6.7.2.5</td><td></td><td>√</td><td></td></tr>
<tr><td rowspan="2">纯水机（器）</td><td>脱盐率</td><td>5.7.3.1</td><td>6.7.3.1</td><td></td><td>√</td><td></td></tr>
<tr><td>回收率</td><td>5.7.3.2</td><td>6.7.3.2</td><td></td><td>√</td><td></td></tr>
<tr><td colspan="2">矿化指标</td><td>5.7.4</td><td>6.7.4</td><td></td><td>√</td><td></td></tr>
<tr><td colspan="2">标志、合格证、包装、使用说明</td><td>8.1、8.2</td><td>视检</td><td></td><td></td><td>√</td></tr>
</table>

理解要点：

所列举项目包含了本标准第 5 章的所有项目。

7.3.3　周期性的型式检验样本应从出厂检验合格的样品中随机抽取，抽样按 GB/T 2829 进行。采用判别水平Ⅰ的一次抽样方案，其样本大小、不合格质量水平，判定数组见表 4。

表 4　抽样方案

判别水平	抽样方案	样本大小	不合格质量水平(RQL)					
			A 类 RQL＝30		B 类 RQL＝65		C 类 RQL＝100	
			Ac	Re	Ac	Re	Ac	Re
Ⅰ	一次	n＝3	0	1	1	2	2	3

理解要点：

(1) 接收质量限(AQL)设置的目的在于是通过批不接收使供方在经济上和心理上产生的压力，促使其将过程平均至少保持在和规定的接收质量限一样好，而同时给使用方偶尔接收劣质批的风险提供一个上限。

(2) 一次抽样方案是样本量、接收数和拒收数的组合。抽样方案不包括如何抽出样本的规则。

(3) A 类、B 类、C 类是指不合格分类，其 RQL 值随关注程度的降低而上升。

(4) 表中符号的意义：

n——样本量；

Ac——接收数；

Re——拒收数。

(5) 各数字代表的含义及具体操作方法，参照 GB/T 2828.1《计数抽样检验程序 第 1 部分：按接收质量限(AQL)检索的逐批检验抽样计划》及 GB/T 2829《周期检验计数抽样程序及表》(适用于对过程稳定性的检验)。

7.3.4　型式检验的卫生安全和电气安全项目应 100％合格。如有一项不合格，即判该周期产品不合格。

理解要点：

(1) 卫生安全及电气安全项目，均为重要项目。

(2) 上述缺陷具有批次性特征。

7.3.5　型式检验的样品一律不得作为合格品交付用户。

理解要点：

型式试验中的某些项目为破坏性试验项目，试验后的产品一般会出现功能退化或丧失。

第 8 章　标志、包装、运输、贮存

一、概述

本章提出了产品上需要标明的基本的标志，并对包装要求、运输过程需注意的事项以及产品储存的环境做了相应的规定。

二、条款解释

8.1 标志

8.1.1 饮用水处理装置应在明显位置设标志。标志至少应清晰标明下列内容：

a) 产品名称、规格型号；

b) 制造商名称；

c) 产品编号或制造日期(可标注在其他合适位置)；

d) 总净水量、净水流量、工作压力；

e) 相关强制认证标志；

f) 卫生批准文号、执行标准。

理解要点：

(1) 产品应设有铭牌，且位置明显，且在安装后也能方便地看到。

(2) 铭牌至少包含以上列举的内容。

(3) 所标注的内容应有助于产品的运输、销售、使用及产品的可追溯性。

8.1.2 水流流向容易引起混淆的饮用水处理装置应有进水、出水方向的标志。

理解要点：

标示水流方向，便于安装、使用及功能的正常实现。

8.2 包装

8.2.1 包装储运图示标志应符合 GB/T 191。

理解要点：

(1) 净水机包装上应设有便于运输包装的各种图示。

(2) 所有标志的图案、大小及位置应符合 GB/T 191《包装储运图示标志》的规定。

a) 图形符合 GB/T 191《包装储运图示标志》中的“2 标志的名称和图形”要求，应包含“易碎物品”“向上”“怕晒”“怕雨”“堆码层数极限”等内容。

b) 图形尺寸及颜色应符合 GB/T 191《包装储运图示标志》中的“3 标志的尺寸和颜色”要求。

c) 标志的位置应符合 GB/T 191《包装储运图示标志》中的“4 标志的使用方法”要求。

8.2.2 饮用水处理装置的包装应符合 GB/T 1019。

理解要点：

(1) 产品出厂前应进行相应的包装，其包装应符合 GB/T1019《家用和类似用途电器包装通则》和产品本身的特殊要求，产品包装应做到牢固、安全、可靠、便于装卸，在正常装卸、运输条件下和在储存期间，确保产品的安全和使用性能不会因包装原因发生损坏、发霉、锈蚀而降低。包装应符合国家环保法规及相关要求。

(2) 产品包装应具备防潮、防霉、防锈等能力及足够的强度。

8.2.3 产品包装箱外表面应至少清晰标明下述内容：

a) 产品名称、商标、规格型号；

b) 制造商名称、地址、邮政编码、服务电话；

c) 毛重、净重；

d) 包装箱外形尺寸(长×宽×高)；

e) 包装储运图示标志；

f) 执行标准。

理解要点：

规定了包装箱上必须表达的内容，便于储存、运输、国家职能部门的检验及产品的可追溯性。

8.2.4 包装箱内应附有下列技术文件：

a) 装箱单；

b) 使用说明书；

c) 产品合格证、保修卡。

理解要点：

(1) 规定了为方便产品安装、使用、维护等产品所必须包含的技术支持文件。

(2) 技术文件必须安放于包装箱内。

8.3 运输

饮用水处理装置运输过程中应固定牢靠，避免碰撞、跌落，防雨防潮，不得重压或倒置，不得与有毒、有害物品混运。

理解要点：

(1) 装置运输过程中固定牢靠，避免碰撞、跌落，且不得重压，是为了防止装置损坏。

(2) 装置运输过程中不得倒置，是为防止装置的水处理材料等发生不正常的移动。

(3) 装置运输过程中应防雨防潮，淋雨、潮湿会损坏包装箱，更严重的是可能会影响装置内的水处理材料。

8.4 贮存

饮用水处理装置应贮存在干燥、通风，无有毒、有害物品的地方。不得重压或倒置，避免阳光长期直射。

理解要点：

(1) 储存的环境应利于产品的保质。

(2) 重压有可能导致产品包装、甚至本体的破坏。

(3) 对有方向性的产品，不得倒置。

(4) 阳光直射会加速内芯及组件的老化。

第3部分

QB/T 4693—2014

《家用和类似用途连续式净水机安装规范》

第1章　范　围

一、概述

本章阐述了标准适用范围、场合以及本标准的组织结构。

二、条款解释

本标准规定了家用和类似用途连续式净水机(以下简称"净水机")产品现场安装时所涉及的安装附件要求、安装要求、安装操作、调试、检查和验收等。

本标准适用于直接连接于市政自来水或其他集中式供水管网,并能连续地对进水进行深度净化处理的家用和类似用途连续式净水机的安装。

理解要点:

(1) 陈述了本标准所涉及的具体内容范围:连续式净水机的安装,从产品的安装附件、安装过程及操作要领、产品调试、使用及现场验收、回访等全过程。

(2) 指出了本标准所适用的具体对象——连续式净水机:

净水机的形式有多种,按使用方式,可分为连续式、非连续式。本标准所规定的内容仅针对连续式净水机。

(3) 简要介绍连续式净水机的适用条件、技术及使用范围和要求:

a) 本章规定了连续式净水机的适用水源:市政自来水或其他集中式供水,表明了所安装器具应具备应对水源水质、水压等方面的性能。

b) 规定了净水机的连接方式——和供水管网直接连接。

c) 规定了净水机的工作方式——具备连续工作的能力。

d) 规定了净水机的适用场所——家用和类似场所。

e) 表达了净水机在安装各环节均存在技术上的要求。

第2章　规范性引用文件

一、概述

本章给出了标准中引用文件目录,便于在使用过程中引用、参照和查阅相关的内容。

二、条款解释

下列文件对于本文件的应用是必不可少的。凡是注日期的引用文件,仅注日期的版本适用于本文件。凡是不注日期的引用文件,其最新版本(包括所有的修改单)适用于本文件。

GB 1002　家用和类似用途单相插头插座　型式、基本参数和尺寸

GB 2099.1　家用和类似用途插头插座　第1部分:通用要求(GB 2099.1—2008,IEC 60884-1:2006E3.1,MOD)

GB 4706.1　家用和类似用途电器的安全　第1部分:通用要求(GB 4706.1—2005,IEC 60335-1:2001,IDT)

GB/T 17219　生活饮用水输配水设备及防护材料的安全性评价标准

GB 22337　社会生活环境噪声排放标准

中华人民共和国卫生部卫监督发[2005]336号附件《生活饮用水消毒剂和消毒设备卫生安全评价规范》(试行)

中华人民共和国卫生部卫法监发[2001]161号附件二《生活饮用水输配水设备及防护材料的安全性评价规范》

理解要点：

(1) 所列出的标准，其中的某些条款，在本标准中被引用。

(2) 标准引用的必要性：

a) GB 1002《家用和类似用途单相插头插座　型式、基本参数和尺寸》

GB 1002《家用和类似用途单相插头插座　型式、基本参数和尺寸》规定了家庭和类似家庭环境场所使用的交流频率为50 Hz、额定电压为250 V、额定电流不超过16A的单项插头、固定式或移动式插座的型式、基本参数和尺寸。

本标准所包含的带电式连续式净水器，其电源插头按照上述标准设计，因此，与之匹配的插座，也必须符合上述标准。

b) GB 2099.1《家用和类似用途单相插头插座　第1部分：通用要求》

GB 2099.1《家用和类似用途单相插头插座　第1部分：通用要求》对户内、户外使用的、适用于交流电压50 V～440 V、额定电流不超过32A的插头插座，对使用者和周围环境不存在危险因素的所有性能要求及试验方法。

本标准5.6.2引用了上述两项标准。

c) GB 4706.1《家用和类似用途电器的安全　第1部分：通用要求》

GB 4706.1《家用和类似用途电器的安全　第1部分：通用要求》规定了所有家用和类似用途电器的安全性能基本要求。

本标准4.2、5.6.1条款中，引用了上述标准，强调净水机电源适配器、外部连接线必须遵循的安规标准。

d) GB/T17219　生活饮用水输配水设备及防护材料的安全性评价标准

卫生部《生活饮用水消毒剂和消毒设备卫生安全评价规范》(试行)

卫生部《生活饮用水输配水设备及防护材料卫生安全评价规范》(2001)

上述标准及规范规定了涉水件、消毒材料的安全性能要求。

在净水机的安装过程中，需要制造商提供或消费者购买必要的涉水安装辅件，所使用的安装辅件必须遵循上述标准或规范。

上述标准或规范在本标准4.1.1条款中被引用。

e) GB 22337　社会生活环境噪声排放标准

该标准规定了营业性文化娱乐场所和商业经营活动中可能产生噪声污染的设备、设施边界噪声排放限制及测试方法等。

净水机的噪声要求在GB/T30307—2013《家用和类似用途饮用水处理装置》及相应的行业标准中都有规定，但实际运行噪声与安装环境、安装水准及规范性等有直接关系。

本标准要求安装后的净水机，运行时的实际噪声符合上述标准规定。

第 3 章　术语和定义

一、概述

本章对在标准中使用的非通用名词、术语给出了明确的含义，目的是使标准结构简单、避免混淆概念。这些定义在没有特殊说明的情况下只在本标准内使用。

二、条款解释

3.1

家用和类似用途连续式净水机　household and similar continuous water purifier

主要用于家庭或类似场合中，以满足用户的饮、用水安全为目的，直接连接于市政自来水或其他集中式供水管网，并能连续地对进水进行深度净化处理的水质处理器具。

理解要点：

(1) 净水机的场所属性：家用和类似场所，包括水源、水质、水压、用电环境及性能要求、使用特性必须和场所匹配；

(2) 净水机的功能属性：用于改善水质、确保水质安全，并能连续地正常工作；

(3) 净水机的范围属性：包含用户的饮水、用水。

(4) 净水机的质量属性：直接连接于供水管网，能适应管网压力及波动、水质及变化而保持正常的运行状态。

3.2

用户　user

使用净水机产品和接受净水机安装服务的个人、家庭或社会团体。

理解要点：

(1) 服务内容：使用产品和接受安装的一种或全部。

(2) 服务对象：个人、家庭或社会团体。

3.3

安装人员　qualified installation person

具有一定基础知识、技术经验并经专业培训合格，以安全的方式完成净水机安装任务的并被授权的人员。

理解要点：

规定了安装人员的基本属性：

(1) 资格：需要授权（企业、社团或国家职能部门）及专业培训合格；强调是被授权的人员。未授权的既是具备相应能力的人员也不是本标准的所指安装人员（通常是指企业授权）。

(2) 技能：具备一定基础知识和技术经验，能根据用户环境、用户要求的变化，灵活地改变既定方案，以安全的方式，提供满足用户的服务。

(3) 安装要求：安全的方式，包括安装过程中对自身、用户人身和财产、机器本身及功能等，不造成安全影响，不留下安全隐患。

3.4

净水机组装 water purifier assembly

安装人员根据用户所选购的产品，在安装现场组装成完整的产品。

理解要点：

为保证净水机滤芯的质量（滤芯本身需要密封包装，特别是某些呈湿态形式出厂的，如湿式 RO 膜等）、包装、储存的方便性及运输的安全性，净水机制造商往往不是以整机的形式出厂，而是将各组件，以优化的设计方式，安装于包装箱中。

净水机在安装前，需要按照产品说明书要求，在现场组装成完整的机器。

3.5

净水机安装 installation water purifier

安装人员根据用户的实际情况及合理要求，将净水机组装并固定或放置在合理的位置并正确连接水、电，完成净水机调试，以达到净水机应有的使用功能的过程。

理解要点：

（1）在一般情况下，净水机需要专业人员安装。

（2）安装位置应满足用户的使用方便性和安全性；当用户的要求不够合理时，安装人员应提供专业的建议。

（3）安装的过程包括：组装、固定或安放、连接水路、电路管线、冲洗及调试等。

（4）安装的目的：达到净水机应有的使用功能，确保用户在使用过程中不产生任何不利于用户及机器的安全危害。

3.6

安装面 installation surface

支撑和固定净水机的受力面。

理解要点：

（1）需要有支撑面，来满足净水机的悬挂安装或固定安装要求。

（2）净水机的自重、通水后的总重及运行时的振动，都会产生一定的压力或拉力，需要支撑面有一定的荷重能力。

3.7

安装支架 installation rack

一种能使净水机可靠地固定在安装面上的构件。

理解要点：

（1）出于方便安装、或增加安装面强度、增加净水机的稳定性等因素，所采用的一种辅助构件。

（2）支架可以是单、多个挂片，也可以是一种符合一定力学结构规律的构件，一般应具备一定的抗腐蚀性。

（3）支架可能是净水机制造商的随机标准配置，也可能需要用户自备。

3.8

压力调节装置 water pressure regulator

用于将进水水压调节至适合净水机使用的装置，包括增压泵或减压阀等。

理解要点：

(1) 在保证净水机本身的安全性以及最佳运行工况的条件下，净水机对进水压力都有一定的要求，即进水压力应保持在一定的范围内，该范围在产品说明书等文件上有所标明。

(2) 本标准所涵盖的"连续式净水机"的连接方式是直接连接于供水管网，供水管网的水压存在区域、时间上的差异，有低于或高于净水机适用压力，且在特殊情况下，会产生高频波动，对净水机性能及安全性，都会产生影响。

(3) 当在大多数情况下，用户管网终端压力低于净水机使用要求时，需要增压；反之，需要减压。

(4) 所采用的增压、减压设施，必须和净水机匹配。

(5) 大多数净水机制造商在大多数情况下会提供减压装置，而增压泵一般由用户自备或委托配备。

3.9

进水口　inlet

净水机与进水管相连接的接口。

理解要点：

连续式净水机通过进水管和管网连接，连接进水管的接口，称为"进水口"，见图 3-1。

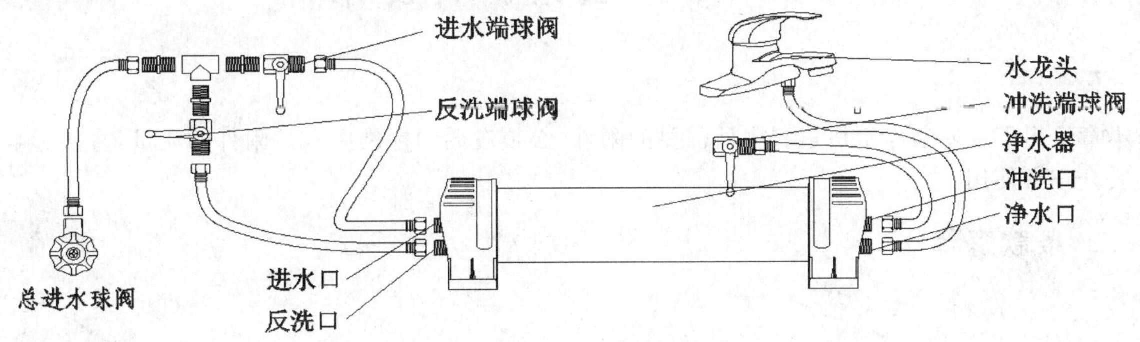

图 3-1　某连续式净水机管道连接示意图

3.10

净水口　water purification outlet

经过净水机净化处理后的净化水出水接口。

理解要点：

(1) 通过净水机的全部或部分过滤单元，经过净化处理、满足用户饮、用要求的所有产水口的通称。

(2) 不同技术类别的净水机，其产水口有不同的称呼，如反渗透净水机，其"净水口"可以称为"纯水口"；

(3) 当采用多种技术集成的净水机，构成分质供水系统，会有多个不同水质的净化水，在具体产品上会有所区分，但在本标准中，可以统称"净水口"。

3.11

排水口　sewage outlet

专门用于排放清洗净水机内部管路和滤材的出水接口。

理解要点：

(1) 很多净水器，为有效延长滤芯使用寿命或出于工艺需要，在某些滤芯上设置有冲洗通道，如

UF、RO 等，并设有专门管道，连接至下水道或其他场所，用于滤芯的冲洗。

（2）大部分净水器，在初次使用时，有些滤芯需要预冲洗，以排除表面粉尘、脱落物或保护剂，如颗粒活性炭、炭棒、膜等，以防堵塞后续元器件或影响水质。

（3）初次安装的滤瓶、管道等涉水通道，可能存在脏污，需要冲洗。

（4）上述冲洗，都需要排出机器外。

3.12

冲洗　rinse

对净水机及其连接管路进行清洗的作业。

理解要点：

（1）完成上述冲洗作业的操作过程。

（2）冲洗是绝大多数净水器安装过程中的必须过程。

第 4 章　安装附件要求

一、概述

本章给出了在安装净水机过程中所需要的附件，必须遵循的标准要求。附件的质量，直接影响净水机的安全正常使用。

二、条款解释

4.1　安装附件

用于净水机安装的附件，应符合国家相应标准或安装说明的要求。

理解要点：

（1）除净水机本体外，所选用的附件质量必须可靠并符合国家标准及设计要求。

（2）附件质量直接影响到产品安全及使用效果。

4.1.1　连接进水和净水机以及净水龙头的连接管应符合 GB/T17219、中华人民共和国卫生部卫法监发[2001]161 号附件二《生活饮用水输配水设备及防护材料的安全性评价规范》相关规范的要求。

理解要点：

（1）无论采用何种材质的管道、无论是制造商配送，还是用户选购，所采用的管道都属于饮用水涉水部件，必须同时符合上述标准和规范。

（2）当由用户选购时，安装人员应当告知用户，所选材料必须遵循的标准。

4.1.2　连接管的连接应选用专用的连接件（带螺纹锁紧或速接接头连接或其他等效的连接方法），连接管件选用的螺母应能有效锁紧连接管，不应出现脱落、渗漏等质量问题。

理解要点：

（1）漏水在净水机安全事件中出现的概率最高，而外部连接管往往为主要因素。

(2) 螺母的有效性往往不被重视。

4.2　电源适配器

随机配置的电源适配器应能提供净水机工作所需的电源电压要求，并符合 GB 4706.1 的相关要求。

理解要点：

(1) 电源适配器为解决市电和净水机适用电源不匹配的专用设备，一般由制造商配送。

(2) 适配器的质量好坏，不仅影响净水机的安全，更影响到安装人员、用户的人身安全，其安规性能必须符合国家标准要求。

(3) 适配器应通过相关的电器安全测试。

4.3　安装支架

安装支架应充分考虑材料及结构的承重强度、抗锈蚀及安装维修的方便。

理解要点：

(1) 支架应有一定的承重能力(净水机自重、通水后的总重及运行中振动产生的应力，都应当考虑)。

(2) 支架应有防锈蚀能力，特别是在户外安装时。

(3) 净水机需要定期更换滤芯和维修，支架的设计应考虑净水机方便安装、取出、移动等因素。

4.4　安装面

4.4.1　净水机的安装面应坚固、结实，具有足够的承载能力。其承重能力不应低于实际运行时净水机安装部分重量的 4 倍以上，并应充分考虑净水机安装管路布置、噪声等要求；

理解要点：

(1) 经过大量测试，净水机运行中的最大拉力，可以达到净水机自重的 3 倍，考虑到安全系数，安装面承载力应在 4 倍以上，这里的 4 倍不是净水机的自重，考虑到正常实际运行时带水状态下的总重量的 4 倍。

(2) 净水机从用户终端管网到用户终端饮水点，需要连接水管、电线等，安装面应具备布管条件。

(3) 管线布置时，有可能需要钻孔或钉墙，安装面内部已有的管线应当预留空间。

(4) 安装面应具备不扩大净水机运行时所产生的噪声的因素。

4.4.2　当安装面强度不足时，应采取相应的加固、支撑和减振措施，以免影响净水机的正常运行或导致危险。

理解要点：

(1) 当安装位置受限，安装面强度不足时，可以加固补强。

(2) 用户应当提供所采用的加固材料。

第5章　安装要求

一、概述

本章着重规范安装前，对环境等外围事务过程提出规范要求。

二、条款解释

5.1　基本要求

净水机及其附件的安装应符合本标准要求和安全技术规定的一般原则，并应符合国家和地方政府颁布的有关电气、水路安装规范及产品安装说明的要求。

理解要点：

(1) 无论是净水机本体，还是附件，每一个安装步骤应当遵循安规原则。

(2) 事实上，50%以上的危机事件，是由于安装不良导致的。

5.2　安装位置

5.2.1　净水机应根据用户的使用环境状况并综合考虑下述因素选定安装位置：

a)　有合适的进、出水管路及接口，安装点附近有合适的排水口或地漏；

理解要点：

方便净水机的管道连接及排放，排水口和地漏的存在，可以防止在极端情况下，漏水危害的扩大。

b)　无易燃、易爆或腐蚀性的环境；

理解要点：

(1)　防止在净水机出现异常时，如涉电元件产生活化时，在易燃易爆环境，易产生意外。

(2)　腐蚀性环境会对净水机产生影响，如金属外壳、承压件及接头等。

c)　尽量避开易产生噪声、振动、热源、阳光直射和存在电磁干扰的地点；

理解要点：

(1)　振动会使净水机承压件、管道产生松动而漏水。

(2)　噪声影响消费者对净水机工况的误判。

(3)　热源、阳光直射会加速净水机塑料件的老化。

(4)　电磁干扰直接影响净水机电控系统的灵敏性和可靠性。

d)　在制造商规定的环境条件下，并尽量安装于室内；

理解要点：

(1)　净水机的一般使用环境规定为：环境温度 4 ℃～40 ℃，水温 5 ℃～38 ℃，而室外很难保证上述要求。

(2) 高温环境，影响过滤单元的性能、承压元件的强度并加速老化；低温影响产水量、净化效果；冰点以下时，结冰会导致管道、承压元件的胀裂。

e)　采用外接电源的机型，安装地点应设有电源；

理解要点：

(1)　制造商标配电源线，一般小于 2 m。

(2)　净水机离电源太远，存在诸多不安定因素：增加电气连接点、电磁干扰、接头松脱、外力破坏。

f)　维护、检修方便、通风合理。

理解要点：

(1) 净水机需要定期维护，地方狭小时，影响操作；

(2) 某些元件，在运行时，需要有良好的散热环境。

5.2.2　为防止受到振动、应力、腐蚀、老化或其他外力带来的损害，净水机的管线应有套管或其他安全防护措施。

理解要点：

(1) 外力的破坏，会导致漏水事件的发生。

(2) 高强度套管保护，是常见的保护措施。

5.2.3　净水机的配管和配线应连接正确、牢固，走向与弯曲度合理。配管的弯管处应留有一定弧度的弯曲半径，以免影响正常运行。

理解要点：

(1) 正确连接可以保证净水机正确运行。

(2) 牢固安装可以降低外力破坏风险。

(3) 走向合理，保持美观和方便。

(4) 过小的弯曲度会产生额外的应力，加速管线的破坏或老化。

5.3　进水要求

安装人员确认进水水质、水压及水温是否符合产品使用说明要求。

理解要点：

(1) 水质、水压、水温等因素直接影响到净水器的安全性及使用效果。

(2) 制造商在说明书上都会标明净水机的适用条件。

(3) 安装人员应事前确认上述因素，一般用户也没有手段进行确认。

5.4　净水机组装

需要组装的净水机，要求安装人员在现场对净水机各部件按照正确的方式进行正确的组装和连接，使净水机达到应有的功能和完整性，并防止各部件在操作过程中造成二次污染。

理解要点：

(1) 出于包装、运输储存及滤芯质量等方面的考虑，净水机的出厂形式可能是散件，需要安装人员现场组装。

(2) 净水机各管道的连接、各过滤单元的顺序，都经过了严谨的设计程序，任何的颠倒都会导致净水机不能正常使用。

(3) 二次污染会导致净水水质退化，安装人员应采用清洁的操作方式进行作业，必要时，对管道进行消毒处理。

5.5 水管连接

5.5.1 进水管连接

在安装净水机时，进水管上应有阀门。

必要时，应安装旁通管道及阀门。

理解要点：

(1) 进水阀门便于净水机维修时，切断水源。

(2) 某些净水机可能安装于用户主管道或某一用水点的干管道上，如中央净水机或管道式净水机等，当净水机堵塞或维修(特别是需要较长时间)时需要切断水源，此时，有可能影响用户正常用水。安装旁通管阀，可有效避免上述情况。

5.5.2 排水管连接

在安装净水机时，排水管应有适当的固定和处置措施，接入地漏或集中排水管中，防止水的外溢，不应直接插入到污水液面以下。在条件许可时，应充分考虑对排放水的合理利用。

理解要点：

(1) 净水机的排水端可能存在较高压力，在高压下，水管会产生极强应力，管道末端极有可能脱离地漏或排水管，造成漏水事件。

(2) 在某些特殊情况下，净水机排水端会产生负压。当排水管插到污水面以下时，污水会顺着排水管道进入净水机，造成污染。

(3) 当条件许可时，排放水可以充分利用，如浇花拖地、洗涤、冲刷等。

5.5.3 调压

5.5.3.1 减压

当进水压力高于净水机规定的工作压力范围时，应在机器进水口之前配置压力调节装置(减压阀)，使进水压力在净水机规定的工作压力范围内。

5.5.3.2 增压

当进水压力低于净水机规定的工作压力范围，应在机器进水口之前配置压力调节装置(增压泵)，使进水压力在净水机规定的工作压力范围内。

理解要点：

(1) 低压造成原水供给量不足，影响净水机产水量，甚至无法运行；高压影响净水机的安全，当用户管网压力能满足运行条件时，调压是可行的手段。

(2) 减压阀可以降低压力，缓解压力波动，且在一定压力下稳定流量。增压泵用于增压，但增压泵的运行，应该和净水机保持联动，压力不能超出净水机的工作压力范围。

(3) 减压阀可能由净水机制造商配送，但增压泵一般由用户选购。

5.6 净水机、管道冲洗

净水机安装过程中需对新的管道、容器和净水材料进行冲洗。

理解要点:

(1) 冲洗管道、容器,可以消除其原本存在的有害杂质,也可以消除在安装过程中产生的二次污染。

(2) 冲洗滤芯,可以消除滤芯表面的粉尘(如活性炭)、保护剂(如树脂、膜元件)等,防止污染后续过滤单元或影响产水水质。

5.7 电气安全

5.7.1 净水机的外部接线应符合 GB 4706.1 的要求。

理解要点:

无论是净水机自配,还是用户选购,外部接线应符合国家安规要求。

5.7.2 用户电源插座结构应与待装净水机电源插头相匹配,并符合 GB 2099.1 和 GB 1002 要求。

理解要点:

(1) 制造商的电源插头,依照 GB 2099.1 和 GB 1002 设计或采购。

(2) 用户的插座也必须符合上述标准,方可匹配。

5.8 防松

净水机安装时,其安装面与安装支架、安装支架与净水机安装部分之间的连接应牢固、稳定、可靠,确保安装后的净水机不倾斜、滑脱、翻倒或跌落。

理解要点:

防止各类影响用户人身、财产安全的危机事件发生。

5.9 噪声

净水机运行中的噪声应符合 GB 22337 的要求。

理解要点:

(1) 净水机在安装后、运行时,其噪声值和试验室测试会有所变化,但其限值应符合 GB 22337 要求。

(2) GB 22337 规定如下:

表 3-1 社会生活噪声排放源边界噪声排放限值 单位:dB(A)

边界外声环境功能区类别	时段	
	昼间	夜间
0	50	40
1	55	45
2	60	50
3	65	55
4	70	55

表 3-2 结构传播固定设备室内噪声排放限值(等效声级) 单位:dB(A)

噪声敏感建筑物声环境所处功能区类别 \ 时段 \ 房间类型	A类房间		B类房间	
	昼间	夜间	昼间	夜间
0	40	30	40	30
1	40	30	45	35
2、3、4	45	35	50	40
说明:A类房间——指以睡眠为主要目的,需要保证夜间安静的房间,包括住宅卧室、医院病房、宾馆客房等。 B类房间——指主要在昼间使用,需要保证思考与精神集中、正常讲话不被干扰的房间,包括学校教室、会议室、办公室、住宅中卧室以外的其他房间等。				

表 3-3 结构传播固定设备室内噪声排放限值(倍频带声压级) 单位:dB(A)

噪声敏感建筑所处声环境功能区类别	时段	倍频带中心频率/Hz \ 房间类型	室内噪声倍频带声压级限值				
			31.5	63	125	250	500
0	昼间	A、B类房间	76	59	48	39	34
	夜间	A、B类房间	69	51	39	30	24
1	昼间	A类房间	76	59	48	39	34
		B类房间	79	63	52	44	38
	夜间	A类房间	69	51	39	30	24
		B类房间	72	55	43	35	29
2、3、4	昼间	A类房间	79	63	52	44	38
		B类房间	82	67	56	49	43
	夜间	A类房间	72	55	43	35	29
		B类房间	76	59	48	39	34

第6章 安装操作

一、概述

本章对在安装过程中,出现的每一个环节,给出了规范要求。

二、条款解释

6.1 安装准备

6.1.1 安装人员在安装前,应详细了解净水机的规格型号、安装环境,以及相关配件需求,并约定安装时间。

理解要点：

(1) 了解规格型号的目的在于：事先熟悉产品，大致规划操作要领。

(2) 安装人员经过咨询用户的安装位置及环境，可以预算在安装过程中需要的管道、电线、工具等，以作好准备。同时，当安装环境和机器要求不符时，提前建议用户做出更改。

(3) 了解需要用户准备的配件、附件，以及机器随机配送的附件形式、安装方法等，做到有的放矢。

(4) 约定时间，既体现对用户的尊重，又可以保证安装的质量。

6.1.2　安装人员应备齐所需安装工具，必要时可根据用户需求，配备净水机有关安装配件。

理解要点：

(1) 在咨询用户安装环境后，确定并配备必须的工具。有些安装工具属于专用设备，用户极少可能配置或提供。

(2) 一般情况下，用户对净水机及管道施工不可能专业，需要安装人员提供帮助。

6.1.3　检查并确认用户的进水水源、水压、水温、管路预留情况，以及电源电压、接地情况等是否满足待装净水机产品说明规定的要求。

理解要点：

(1) 水源、电源情况直接关系到净水机的适用性问题。

(2) 某些大功率净水机(如带加热功能的机型)已经配备带接地措施的电源线，用户插座需要与之匹配。

6.1.4　协助用户选定净水机的安装位置，并确保安装位置、安装面和安装支架符合待装净水机的安装和使用、安全要求。当某些条件不完全具备时，在征得用户同意后，应采用合适的技术手段，以满足安装要求。

理解要点：

(1) 用户的心理需求往往不符合净水机的安装要求，安装人员应给出专业的建议，并取得用户认可。

(2) 用户选购净水机的目的在于可以安全、放心地使用，在条件不具备且用户不具专业能力时，安装人员有义务协助解决。当然，有关费用和用户协商后，另行结算。

6.1.5　对安装面进行作业时，安装人员应谨慎施工，以免因操作不当给用户财产造成损失。必要时，可要求用户请相关专业人员进行操作。

理解要点：

(1) 安装面所使用的某些材质，如大理石等，对其作业可能需要较高的专业水准，当安装人员没有把握时，建议用户另聘专业人士，进行相关作业。

(2) 防止野蛮施工，以免给用户造成损失，并给公司及个人带来不良影响。

6.1.6　安装人员在用电钻打墙孔、或用水泥钢钉在安装墙面作业时，操作前应向用户了解打孔位置预埋电源线、水管的布置情况并检查确认，以免出现安全隐患。

理解要点：

(1) 安装墙面可能暗埋有水管电线等，施工时应避开已有管线，以防产生意外。

(2) 当用户提供信息后，安装人员应做好确认，防止用户信息不准确。

(3) 确认方法由安装人员掌握。当确认过程有可能对安装面产生破坏时，需征得用户认可。

6.1.7　安装人员应提醒用户对净水机的外部管线、电气及线路的有效防护，并告知净水机在投入使用后的责任和义务。

▶ **理解要点：**

（1）净水机的有效维护内容包括维修维护和日常保养，而日常保养需要由用户来进行。

（2）部分制造商会在产品中配备专门的《维修维护保养手册》或在《产品说明书》中说明，也可能部分厂家没有提供专门的介绍，无论在何种情况下，安装人员对用户进行告知，是有必要的。

6.2　产品确认

6.2.1　开箱前，和用户确认待装净水机的型号、规格、颜色、品牌等，应和用户选购的一致。

▶ **理解要点：**

（1）开箱前，确认产品和用户发票的一致性，可避免意外争议。

（2）当二者不一致时，会给制造商的产品追溯、后续的维护服务，造成极大困扰。

6.2.2　检查净水机包装是否完好、随机文件和附件是否齐全。

▶ **理解要点：**

（1）向用户表明，所安装机器为制造商原装新机和正品。

（2）随机文件和附件，都是安装、使用必不可少的物件。任意物件的缺少，都会影响安装或用户的使用、保修，造成用户部分权利的丧失。

6.3　安装操作

6.3.1　安装人员应根据净水机的具体型式，按产品说明书要求进行正确的安装。

▶ **理解要点：**

（1）不同的机型有不同的连接方式，特别是同一制造商的系列产品，可能存在细微差异。一丝的疏忽，都会造成错误的结果。

（2）仔细阅读说明书，找到正确的方法，进行正确的安装。

6.3.2　将净水机机械固定，安装后的净水机应安全、稳固。

▶ **理解要点：**

某些净水机，可以直接在平面上放置（如橱柜地面、台面），但往往处于不稳定平衡状态，在一定外力作用下，极易倾覆。应当按产品要求稳固。

6.3.3　安装后应恢复现场。

▶ **理解要点：**

（1）在安装过程中会产生灰尘、垃圾、积水等，安装完成后，安装人员应主动清扫。

（2）安装是企业形象的延伸，维护企业形象，是安装人员应尽的职责。

6.4　冲洗操作

6.4.1　管道冲洗：在连接机器进水管之前，应首先对用户预留的管道进行冲洗，以排除施工及管路连接时残留在管路中的一些杂质和灰尘等，必要时，进行消毒处理。所使用的消毒剂应符合中华人民共和国卫生部卫监督发[2005]336 号附件《生活饮用水消毒剂和消毒设备卫生安全评价规范》(试行)要求。

理解要点：

(1) 用户预留管道，可能会存在大量杂物，极易污染净水机，堵塞管道、水位开关等，造成净水机无法正常使用；在安装前需要充分冲洗。冲洗水用容器盛装，或通过连接管，排入下水管或地漏。

(2) 当用户选购的为进入点设备时(如中央净水器、较大型净化设备)，预留管道可能会成为净水管道的一部分，预留管道的杂物、滋生的微生物会污染净化水质，除冲洗外，必要时进行消毒处理。

(3) 因涉及饮用水，所选消毒剂应符合卫生部规范。

(4) 消毒过程因以清洁生产方式进行，消毒后管道及时作密封处理，防止二次污染。

6.4.2　滤芯滤材冲洗：为保证冲洗效果，可进行反复冲洗。

理解要点：

(1) 部分滤芯滤材会存在表面粉尘或保护剂，应充分冲洗。

(2) 当某些保护剂或粉尘较难脱除时，可以反复冲洗。

6.4.3　净水排放：初次使用时，按说明书要求，排放一定量的净水。

理解要点：

(1) 用净化水持续冲洗，可以使净水管道、龙头更为洁净。

(2) 某些种类滤料，在使用初期，其内含的可溶性杂质会快速析出，其析出速度在短期内趋于平缓。初始排放一定量的净水，可以起到排放可溶性杂质的作用。

第 7 章　检查、调试和验收

一、概述

本章设置的条款，在于阐述在交付用户之前，为确保用户正常使用的操作规范以及事后确认程序。

二、条款解释

7.1　检查

净水机安装完毕后，应检查安装工作，特别要注意：

a)　管线连接、走向应合理；

b)　电气配置应安全、正确；

c)　机械连接应牢固、可靠；

d)　使用功能应良好实现。

理解要点：

(1) 安装完毕后，再次确认管道、电线走向是否符合事前规划，对不完善之处进行纠正。

(2) 检查管道连接件的可靠性，防止留下隐患。

（3）当需要安装旁通系统的机型，应当确认旁通装置的可靠性。

（4）在空载情况下，按照说明书要求试验，确认净水机功能的实现性和准确性。

7.2 保压

当冲洗过程结束后，同时关闭净水龙头和冲洗阀，打开总进水阀，使整机处于承压状态，进行保压 15 min，仔细检查渗漏情况并排除。

理解要点：

（1）利用自来水压力，对全系统进行保压，仔细检查各连接部位、承压件等所有涉水部位有无渗漏现象。

（2）对于出现的渗漏部位，及时处理，并重新保压检查，直到全系统不再有渗漏为止。

7.3 调试及试运行

净水机应按照使用说明要求进行调试及试运行，并检查净水机各使用功能的实现情况，以确保净水机运行正常。

理解要点：

（1）鉴于运输、安装等原因，不排除净水机电控件的良好性有所降低。交付前的调试是一种必要的检验手段。

（2）按照说明书要求，验证不同工况下的运行状态，确保各功能、各动作的准确实现。

（3）调试的过程，也是传授净水机的使用过程。在条件许可时，安装人员应邀请用户一同参与。

a） 密封性检查：净水机正常运行，检查各连接部位是否有渗漏；

理解要点：

（1）净水机各单元的工作压力和每次启动时的压力有所区别，特别是带有增压泵的反渗透机型。净水机运行后，泵后压力会升高，在空载试压时没有发现的渗漏点，此时有可能出现。

（2）检查并排除渗漏点。

b） 运行检查：净水机运行稳定后，检查各部位的运行情况：出水压力和流量是否正常（不小于使用说明和铭牌上的标称值）；用钳形电流表等测量净水机电源线进线部分的电流值。

理解要点：

（1）仔细检查，确保运行状态和设计值一致。

（2）出现异常时，及时排除。

（3）当出现现场不能解决的异常时，应反馈给制造商，并告知用户，问题产生的原因、解决方法和时间等，取得用户谅解。

7.4 验收

净水机安装结束时，安装人员应：

a） 协同用户检查确认净水机的密封及运行情况；

b） 认真填写安装凭证单，经用户确认并备案；

c） 向用户介绍和讲解净水机的防护、使用、维护、保养的必要知识。

理解要点：

（1）和用户共同确认交付时的完整状态。

（2）出于管理、确认需要，留下书面证据。

（3）可能有些内容，制造商提供的文件资料不尽详实，更需要安装人员向用户传授使用常识。

7.5　回访

净水机安装完成后，安装人员或专业售后服务机构应对用户进行回访，确认安装过程的规范性、净水机的运行情况及服务需求等。

理解要点：

（1）管理规范性的需要。

（2）安装过程中可能存在的隐患，往往滞后发生，通过回访可以了解详情，并安排及时排除，防止产生危机或危机扩大。

第 8 章　附录 A（资料性附录）家用和类似用途连续式净水机安装示意

A.1　净水机的安装方式

净水机的安装方式见图 A.1。

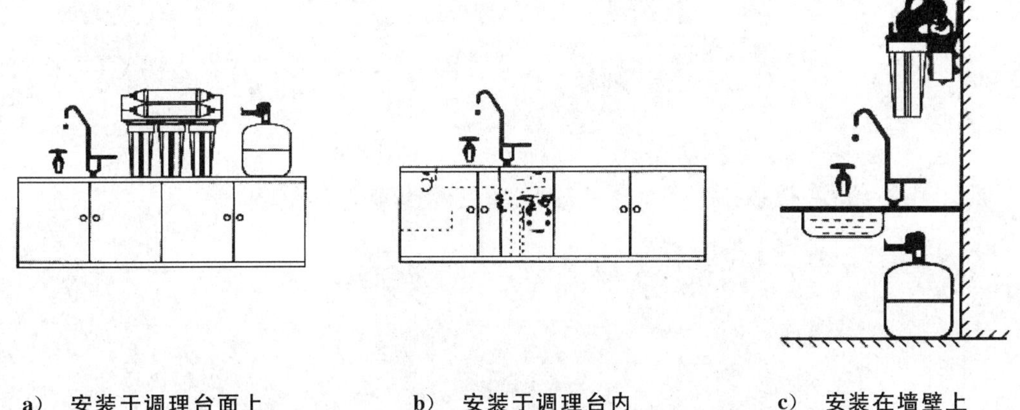

a）安装于调理台面上　　b）安装于调理台内　　c）安装在墙壁上

图 A.1　净水机的安装位置和安装方式

A.2　带有旁通的连接方式

带有旁通的连接方式见图 A.2。排水管应避免插入到排水道内的污水液面以下。

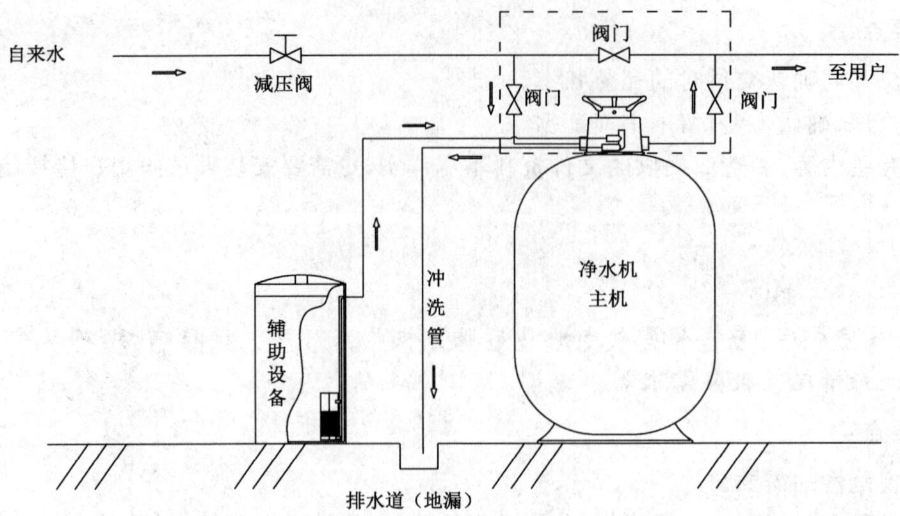

说明：
上图虚线框内的连接方式为采用旁通的连接方式。

图 A.2 带有旁通的连接方式

理解要点：

(1) 净水机的安装位置和安装方式可依图 A.1 作参考。

(2) 图 A.2 中虚线框内的连接方式为旁通的连接方式。排水管要避免插入到排水道内的污水液面以下 。

QB/T 4692—2014
《家用和类似用途净水机
维修维护服务规范》

第1章　范　　围

一、概述

本章阐述了标准适用范围、场合以及本标准的组织结构。

二、条款解释

本标准规定了家用和类似用途净水机维修维护服务的术语和定义、基本要求、服务的提供、用户回访。

本标准适用于家用和类似用途净水机(以下简称"净水机")维修维护服务。

理解要点:

(1) 陈述了本标准所涉及的具体内容范围:净水机维护维修服务的术语和定义、基本要求、服务的提供及用户回访过程。

(2) 指出了本标准所适用的具体对象——家用和类似用途净水机,对于其他用途的净水机,如军用净水机、户外运动型净水机等并不适用。

(3) 提出了后文中"净水机"的由来。

(4) 介绍了本标准的组织结构。

第2章　规范性引用文件

一、概述

本章给出了标准中引用文件目录,便于在使用过程中引用、参照和查阅相关的内容。

二、条款解释

下列文件对于本文件的应用是必不可少的。凡是注日期的引用文件,仅注日期的版本适用于本文件。凡是不注日期的引用文件,其最新版本(包括所有的修改单)适用于本文件。

GB/T 15624　服务标准化工作指南

GB/T 16784.1　工业产品售后服务　总则

GB/T 16784.2　工业产品售后服务　第2部分:维修

GB/T 17219　生活饮用水输配水设备及防护材料的安全性评价标准

GB/T 17242　投诉处理指南

GB/T 18760　消费品售后服务方法与要求

GB/T 21097.1　家用和类似用途电器的安全使用年限和再生利用通则

GB/T 22766.1　家用和类似用途电器售后服务　第1部分:通用要求

QB/T 2837—2006　家用和类似用途电器维修服务从业人员行为规范

中华人民共和国卫生部卫法监发[2001]161号附件二《生活饮用水输配水设备及防护材料的安全性评价规范》

▶ **理解要点：**

(1) 所列出的标准，其中的某些条款，在本标准中被引用。

(2) 标准引用的必要性：

a) GB/T 15624.1—2003《服务标准化工作指南》

本标准给出了服务标准化的范围、服务标准的类型、服务标准的内容以及服务标准的实施与评价，净水机的维修维护服务同样适用于本标准。

b) GB/T 16784.1《工业产品售后服务　总则》

GB/T 16784.2《工业产品售后服务　第2部分：维修》

以上标准规定了工业产品售后服务的基本原则和基本内容，适用于工业企业售后服务文件的编制、实施及售后服务活动，净水机维修维护服务同样适用本标准。

c) GB/T17219《生活饮用水输配水设备及防护材料的安全性评价标准》

卫生部　卫法监发[2001]第161号　附件2《生活饮用水输配水设备及防护材料的安全性评价规范》

上述标准及规范规定了涉水件的安全性能要求。

在净水机的安装过程中，需要制造商提供或消费者购买必要的涉水安装辅件，所使用的安装辅件必须遵循上述标准或规范。

d) GB/T 17242《投诉处理指南》

本标准规定了组织处理消费者对产品质量投诉的基本原则，确定了投诉处理的基本要素、程序及解决争议的途径，本标准适用于受理投诉的组织。净水机维修维护服务应符合本标准。

e) GB/T 18760《消费品售后服务方法与要求》

本标准规定了消费品售后服务的一般方法与基本要求，本标准适用于耐用消费品售后服务的一般方法和基本要求，包括净水机产品。

f) GB/T 21097.1《家用和类似用途电器的安全使用年限和再生利用通则》

本标准规定了家用和类似用途电器安全使用年限和再生利用的术语和定义、技术要求以及标识等内容，本标准适用于在中国境内销售、使用和处置的家用和类似用途电器，净水机的安全使用应符合该标准。

g) GB/T 22766.1《家用和类似用途电器售后服务　第1部分：通用要求》

本标准规定了家用和类似用途电器的售后服务的基本内容和基本要求，本标准适用于家用和类似用途电器的售后服务中有关文件的编制、实施及服务活动。净水机维修维护服务同样适用本标准。

h) QB/T 2837—2006《家用和类似用途电器维修服务从业人员行为规范》

本标准规定了家用和类似用途电器维修服务从业人员的行为规范，本标准适用于在中华人民共和国境内从事家用和类似用途电器维修服务的各级组织中维修服务从业人员，包括家用和类似用途净水机维修维护服务人员。

第3章　术语和定义

一、概述

本章对在标准中使用的非通用名词、术语给出了明确的含义，目的是使标准结构简单、避免混淆概念。这些定义在没有特殊说明的情况下只在本标准内使用。

二、条款解释

3.1

家用和类似用途净水机　household and similar water purifier

用于家用和类似场所中，以满足用户的饮水及用水安全为目的，对市政自来水或其他集中式供水进行深度净化处理的水质处理器具。

理解要点：

（1）净水机的场所属性：家用和类似场所，包括水源、水质、水压、用电环境及性能要求、使用特性必须和场所匹配。

（2）净水机的功能属性：用于改善水质、确保水质安全。

（3）净水机的范围属性：包含用户的饮水、用水。

（4）净水机的质量属性：直接连接于供水管网，能适应管网压力及波动、水质及变化而保持正常的运行状态。

3.2

净水机维修　water purifier repair

将有故障的净水机修复至能正常使用并达到净水机应有的使用功能而进行的修理工作。

理解要点：

（1）维修的客体：出现故障，已不能正常运行或达不到净水效果的净水机。

（2）维修的目的：使故障净水机恢复正常使用并达到净水机的使用功能。

3.3

净水机维护　water purifier maintenance

为使净水机保持正常使用并达到净水机应有的使用功能而进行的保养工作，包括：

——清洁护理，设备检查；

——滤芯、滤料、膜组件、管道管件及容器的清洗、反洗、药洗、消毒杀菌；

——再生树脂或活性炭纤维；

——更换消耗品（如滤芯、滤料等）；

——更换寿命到期的零部件（如密封圈、UV 灯管、臭氧发生管等）；

——更换老化、变形、锈蚀的零部件。

理解要点：

（1）维护的客体：正常使用的净水机。

（2）维护的目的：保持净水机的使用及功能，防止潜在故障发生。

（3）维护的方法：清洁、检查、更换配件和再生滤料等。

3.4

专业维护　professional maintenance

制造商在“产品使用说明”中写明的应由制造商或其指定的维修方进行的维护。

理解要点：

（1）净水机的维护主体：制造商或其指定的维修方。

（2）净水机的维护效果：专业维护，保证净水机的正常使用并达到应有的使用功能。

3.5

用户自行维护　end-user maintenance

除专业维护外的其他维护保养工作。

理解要点：

（1）净水机的维护主体：非专业人士。

（2）净水机的维护效果：因为是非专业维护，只能做常规简单的维护工作。

3.6

维修方　servicing party

提供净水机维修维护服务的企业，包括净水机专业维修店、家用电器或生活日用品维修店的净水机维修部门、净水机制造商或经销商的维修服务部门。如系某净水机生产商指定或特约维修商，应有明显标志。

理解要点：

（1）提供的服务：净水机维修维护。

（2）维修方的分类：包括净水机专业维修店、家用电器或生活日用品维修店的净水机维修部门、净水机制造商或经销商的维修服务部门。

（3）生产商标志：净水机生产商指定或特约的维修商，应有明显标志表明其与生产商的关系。

3.7

维修人员　maintenance personnel

经过专业培训合格，具有净水机专业基础知识，熟练掌握净水机维修技能，并被授权以安全的方式完成净水机维修任务的人员。

理解要点：

规定了维修人员的基本属性：

（1）资格：需要授权（企业、社团或国家职能部门）及专业培训合格；强调是被授权的人员。未授权的既是具备相应能力的人员也不是本标准的所指安装人员（通常是指企业授权）。

（2）技能：具备一定基础知识和技术经验，能根据用户环境、用户要求的变化，灵活地改变既定方案，以安全的方式，提供满足用户的服务。

（3）维修要求：安全的方式，包括安装过程中对自身、用户人身和财产、机器本身及功能等，不造成安全影响，不留下安全隐患。

第4章　基本要求

一、概述

本章给出了在净水机维修维护过程中必须遵循的标准要求，其中包含了对维修方的要求、对维修人员的要求、对维修设备和维修工具的要求、对维护材料和部件的要求及维修维护费用的规定。

二、条款解释

4.1 总则

4.1.1 在保修服务范围内，维修方应按 GB 18760、GB/T 16784、GB/T 16784.2 和 GB/T 22766.1 的规定，以及相关合同、协议、承诺，向净水机用户提供免费的维修及专业维护服务。

理解要点：

(1) 规范性：净水机的维修维护服务应该按照 GB 18760、GB/T 16784.1、GB/T 16784.2 和 GB/T 22766.1 的规定以及相关合同、协议、承诺进行。

(2) 费用：在保修范围内，维修维护服务应该免费。

4.1.2 在保修服务范围外，维修方应向净水机用户提供维修维护服务，并按收费标准向用户收取维修维护费用。

理解要点：

(1) 收费条件：净水机超出保修范围。

(2) 终身维修维护服务：即使超出保修范围，维修方仍有责任进行净水机维修维护。

(3) 费用：超出保修服务范围的净水机的维修维护工作，可以收取一定的维修维护费用，收费按标准进行。

4.1.3 对超过安全使用年限的产品，维修方应按 GB/T 21097.1 的规定，建议用户报废更新。

理解要点：

(1) 规范性：产品使用年限按照 GB/T 21097.1 的规定衡量，超过安全使用年限的产品也按照 GB/T 21097.1 进行处理。

(2) 对用户超过安全使用年限的净水机，维修方应提醒其报废或更新。

(3) 处理方式：超过安全使用年限的净水机的处理方式为报废或更新。

4.1.4 在维修维护过程中，应确保安全，防止触电、淹水等事故的发生。

理解要点：

维修维护过程应注意按安全规范进行操作，防止事故发生。

4.1.5 各种接待记录、维修维护记录、维修单、回访记录都应准确、可靠，字迹工整、清晰，可追溯。所有记录均应存档并建议保留 3 年以上。

理解要点：

维修维护过程应有记录，可以用于客户关系的维护、维修维护方法总结、服务质量的提升、维修方的评价等。

4.1.6 用户自行维护由净水机用户进行。净水机制造商应在“产品使用说明”中详细写明该型号净水机维护的周期及具体维护操作方法，净水机用户按“产品使用说明”中规定的周期及操作方法进行净水机的日常维护。如用户需维修方提供上述维护服务，维修方可按收费标准向用户收取维护费用。

理解要点：

(1) 用户维护操作是按照制造商的产品说明书进行的，是一些常规的简单的维护。

(2) 通常用户维护由用户自己进行,如果用户请维修方进行维护,需支付一定的费用。

4.2 维修方的要求

4.2.1 维修方开展各项经营活动、为用户进行维修维护时,应符合国家和政府有关部门的相关法律法规。

4.2.2 维修方应建立维修维护服务质量保证体系,并按体系要求定期进行自检或第三方评估,以确保维修维护质量。维修方提供的维修维护服务应符合 GB/T 15624 的要求。

理解要点:

(1) 规范性:维修方进行的维修维护服务,受国家和政府有关部门的相关法律法规制约,并且符合国家标准的要求。

(2) 主观能动性:维修方可建立维修维护质量体系,并可自检或请第三方评估,确保其服务的质量。

4.2.3 维修方应配备维修维护人员,制订维修维护手册或维修维护操作规程,保证维修维护质量。

理解要点:

维修方维修维护质量的保证:配备专业维修维护人员,指定专业的维修维护手册及操作规程,使净水机的维修维护在专业的手册及操作规程指导下由专业的人进行专业的操作,从而保证维护维修质量。

4.2.4 维修方应配备维修维护工作室,内有电源、水源、排水设施等开展净水机检查测试和维修维护工作必备的工作环境和条件。

理解要点:

维修方对维修维护场所的要求:专业的维修维护工作室,配有电源、水源、排水设施等,保证维护维修过程所需的环境要求。

4.2.5 维修方应向用户提供有效票据和维修维护凭证(维修单)。

理解要点:

(1) 凡是维修维护过程中产生的费用,维修方都应该提供有效的票据证明。

(2) 维修单中包含了用户信息、产品信息、维修维护过程信息等,根据用户信息可以有效追踪维修单;产品信息让维修人员提前准备维修维护服务;维修维护过程信息对产品的维护、改进提供依据。

4.3 维修人员的要求

4.3.1 维修人员应遵守职业道德,认真为用户服务,维修人员的职业素质和岗位素质应符合 QB/T 2837—2006 中 4.1 和 4.2 的规定。

理解要点:

(1) 维修人员应具备基本的职业道德和职业素质。

(2) 维修人员职业素质应符合 QB/T 2837—2006 家用和类似用途电器维修服务从业人员行为规范的要求。

4.3.2 维修人员应经专业培训,掌握净水机专业知识和维修维护技能,经考试合格,取得从业资格证书或上岗证。

理解要点：

(1) 维修人员要做到专业维修维护，需经过专业的培训，并取得相应的从业资格证。

(2) 维修人员应具备净水机的专业知识和维修维护技能，这些都是维修维护的保障。

4.3.3　维修人员应着工作服上岗，服装整洁。仪容仪表和服务礼仪应符合 QB/T 2837—2006 中 4.3、4.4、4.5 的规定。

理解要点：

(1) 专业的维修人员也体现在职业的着装上，职业的仪容仪表可以增加客户对维修人员的信任度。

(2) 维修人员仪容仪表及服务礼仪在 QB/T 2837—2006 中 4.3、4.4、4.5 有相应的规定。

4.4　维修设备和维修工具的要求

4.4.1　维修方应配备与其维修维护业务相适应的维修设备、工具、检测仪器仪表。

理解要点：

专业的维修维护服务离不开专业的维修维护设备、工具、检测仪器等。

4.4.2　维修人员上门开展维修维护服务时，应携带相应的维修工具和检测仪表，满足维修维护和检测的需要。

理解要点：

维修维护服务过程必须要用到专业的维修设备、工具、仪器等，所以上门服务也必须携带相应的维修工具、检测仪表。

4.5　维修维护材料和部件的要求

4.5.1　维修维护中所使用的维修维护材料和部件应是合格产品，应符合相应产品的维修维护要求。

理解要点：

维修方应提供合格的材料和部件，在进行更换、维修、维护后才能保证净水机的正常运行，不合格品可能会造成很多潜在的风险。

4.5.2　与水接触的维修维护材料和部件应符合 GB/T 17219、中华人民共和国卫生部卫法监发[2001]第 161 号附件二《生活饮用水输配水设备及防护材料的安全性评价规范》的要求。

理解要点：

维修维护中的材料和部件，由于都是涉水产品，关系到人们饮用水的安全，必须符合卫生安全评价的要求，它在国标和卫生部的标准中都有具体的要求。

4.5.3　维修方和上门维修人员应准备必要和充足的维修维护材料和部件，满足维修维护需要。

理解要点：

维修人员为保证维修维护服务能够尽快解决客户的问题，应做好充分的准备，在维修维护前就要想好可能需要的材料和部件，尽量一次性完成维修维护服务。

4.5.4　净水机维修维护所使用的原材料和零部件，应由维修方提供，由此产生的质量问题及给用户带来的损失应由维修方承担。维修方应向用户说明原材料和零部件为制造商原厂供货或非原厂供货。如用户坚持自行提供净水机维修维护材料和部件，由此产生的质量问题及给用户带来的损失应由用户自行承担。

理解要点：

(1) 维修方所提供的维修维护材料和部件，通常都是制造商特许的，已经证明是合格的和净水机配套的配件，这些配件的运用可以保证净水机的正常运行和使用性能，所以这些配件引起的质量问题，甚至给客户带来的损失，只能由维修方承担相应的责任，客户无力也不应该承担原厂配件所带来问题的责任。

(2) 客户按自己的想法用一些质量没有保证的材料和部件，应向客户声明由此产生的质量问题及给用户带来的损失应由客户承担。

4.6 维修维护收费

4.6.1 维修方应明示收费标准，经用户同意后方可测试和维修维护。

理解要点：

(1) 收费的标准应该统一，有明确的规定。

(2) 为避免不必要的麻烦，用户确认费用后再进行测试和维护。

4.6.2 维修维护完成交付时，如收费则应向用户提供有效票据。

理解要点：

收费时要有收费的有效凭证。

4.6.3 在保质期并保修服务范围内，维修方不得向用户收取维修或专业维护费用。

理解要点：

按照规定，每个产品及内部部件都有一定的保质期，制造商在做产品时保证在此期限内可以正常使用并达到一定的使用性能，如果在这个期限内出现问题，应由维修方承担相应的责任，而不得向用户收取任何费用。

4.6.4 非净水机产品质量及安装质量原因(如被老鼠咬断水管、电线、接线等)，造成的损失由用户承担。

理解要点：

制造商不保证非质量问题引起的净水机产品问题，如老鼠咬断水管、电线、接线等，这些对制造商来说都是不可控制的，所以这些问题造成的损失通常由用户承担。

4.6.5 上门维修时，检测发现水压超出净水机额定工作范围，应建议在净水机进水口加装稳压装置，费用由用户承担。如用户拒绝加装，由此所造成的损失由用户承担。

理解要点：

(1) 此条针对净水机的使用环境，因为在安装前已经确认过使用环境条件，维修时发现使用环境条件，如水压超出额定工作范围，由此造成的损失维修方不承担责任。

(2) 水压不在净水机额定工作范围，可以通过在进水口加稳压装置来解决，费用由用户承担。

第 5 章　服务的提供

一、概述

本章着重规范净水机维修维护过程中对用户提供的服务，从接待用户到净水机维修维护过程结束都提出了规范化要求。

二、条款解释

5.1　接待

5.1.1　接待维修维护用户，包括维修方柜台接待和电话接待。

理解要点：

接待的方式：包括柜台接待和电话接待两种。

5.1.2　接待应礼貌待客、礼貌用语，认真倾听、认真记录，应符合 GB/T 15624 的规定。

理解要点：

接待是维修维护服务的开始，应该遵守基本的服务礼仪，如礼貌用语、认真倾听、认真记录等，同时应符合 GB/T 15624《服务标准化工作指南》的规定。

5.1.3　接待记录应存档并建议保留 3 年以上。接待记录内容包括：

a)　接待信息：接待日期、产品故障及问题、用户要求、预约送修或预约上门维修维护的日期及时间；

理解要点：

(1) 接待应有相应的记录，方便追查。

(2) 接待记录上应有基本的接待信息，如接待日期、产品故障及问题、用户要求、预约送修或预约上门维修维护的日期及时间。

b)　产品信息：净水机品牌名称及规格型号，净水机生产日期或编号，购买日期、地点、单位及购买凭证(票据)，产品现状，附件配件等；

理解要点：

接待记录上应有基本的产品信息，方便维修方为提供维护维修服务进行准备。

c)　用户信息：姓名、地址、电话(单位电话、家庭电话、手机)、电子邮箱等。维修方应对相关信息尽保密义务。

理解要点：

(1) 接待记录上应有基本的客户信息，保证维修维护服务的到位，回访的进行。

(2) 客户信息公开会对客户的正常生活造成影响，维修方应负有保密义务。

5.2　维修方(维修店或维修服务部)维修维护

5.2.1　维修方维修维护主要包括非连续式净水机，如净饮机、饮水机专用净水机(净水桶)、滤水杯等;连续式净水机可由用户自行拆卸后送店维修维护。

理解要点:

维修方维修维护的净水机可以区分为非连续式净水机和连续式净水机,非连续式净水机不直接连接水源,可以直接送到维修方处;连续式净水机与水源连接,如果送维修方维修维护,用户需自行拆卸后送店维修维护。

5.2.2 维修方维修维护流程

a) 接收:接待完成后,接收用户送来的待修净水机;

理解要点:

接受用户送来的待修净水机,包括上文提到的非连续式净水机和连续式净水机。

b) 检查测试:接收待修净水机后。首先进行检查测试,找出故障及问题,请用户确认,并在"维修单"上注明;

理解要点:

(1) 找出净水机的故障问题才能保证净水机维修维护有效进行,所以接受净水机后第一件事情应该是进行净水机的检测。

(2) 找出故障后,可以明确故障、分清责任、确认维护维修方案,所以需客户确认。

(3) 净水机的故障需记录在维修单上,该信息对产品的维护、改进提供依据。

c) 告知:应告知用户维修维护费用,包括维修维护的服务费、更换损坏的材料及部件费。在征得用户认可后再进行修理。对在保修服务范围内的净水机,除更换滤芯、滤料等消耗品外,不应收取费用;

理解要点:

(1) 维护维修方案确定下来,详细的维护维修费用也就确定下来,该信息需告知客户。

(2) 为避免麻烦,得到客户确认后再进行维修维护服务。

(3) 保修服务范围内,更换滤芯、滤料等消耗品,可以收取一定费用,其他费用不得收取,如服务费等。

d) 对有条件现场修复的净水机,应尽可能现场修复;

理解要点:

能在现场进行修复的,尽量在现场(使用现场或维修点现场)完成净水机的维修维护,返厂维修周期较长,会影响客户对净水机的使用。

e) 对无法现场修复的净水机,应将用户信息、产品信息、确认的产品故障及问题、修理内容、维修维护费用及收费情况、取机日期、维修保质期等记录在"维修单"上,"维修单"第一联交给用户,并作为取机凭证。将已接收的待修净水机,放在指定的待修区域,放上"维修单"第二联,并及时安排维修维护及时交货。如维修方无法维修,则送制造商修理;

理解要点:

(1) 对于需要取走或留下维修的净水机,需要在维修单上记录相关信息,既方便净水机修理,也保证客户可以有效跟踪,正常取机。

(2) 待修理的净水机应该放置在指定的区域,并有相应的标识,防止净水机混放,造成部分净水机忘记维修的问题。

f)　对在维修维护过程中新发现或新出现的故障及问题，应及时与用户沟通，并将新故障的维修内容及收费情况、取机日期的变化等告知用户并记录在“维修单”上，在征得用户认可后再进行修理；

理解要点：

(1) 维修维护过程中，可能会发现新的净水机故障，此时要注意与客户沟通，客户确认后再进行维修。

(2) 新出现的问题也应该记录在维修单上，并让客户确认。

g)　维修维护结束后，应进行试机，确认故障已排除，净水机已修复并能正常使用；

理解要点：

维修维护过程的结束，应该是消除已经发现的故障，并且净水机可以正常使用，并恢复到正常使用功能。

h)　试机结束后，已修复的净水机应放在指定的已修复区域，并及时通知用户前来取机。

理解要点：

修好的机器应该放置在指定的已修复区域，并有相应的标识，防止净水机混放，造成部分净水机遗失等问题。

5.2.3　交付

a)　用户需凭维修单第一联取机，交付后应在维修单第一联上盖上“已取机”专用章(或注明“已取机”字样)，并注明取机日期。该联交由用户，作为维修保质期内保修的凭据。维修单第二联由维修方存档并妥善保管，建议保存期限为 3 年以上；

理解要点：

(1) 交付完成后，应该明显标识，如盖“已取机”章，并记录相关信息。

(2) 维修单应该保留，建议 3 年以上，该信息对产品的维护、改进提供依据。

b)　用户取机时，尽可能用户在现场时进行试机，并请用户签字确认；

理解要点：

交付时，客户要进行试机确认，确认净水机的正常使用，并签字。

c)　交付时，应主动告知用户：维修保质期、正确使用方法和使用注意事项、维护保养常识，并耐心解答用户的询问；

理解要点：

(1) 净水机在维修维护后应该提供一定时间的保质期，保证净水机在保质期内的正常使用。

(2) 维修方可以为用户提供一些建议，以更好地使用净水机，避免同样的故障发生。

d)　交付时，如收费则应向用户提供有效票据；

理解要点：

凡是在维修维护过程中产生的费用，维修方都应该向用户提供有效的票据证明。

e) 维修更换下的材料或零部件，如系免费更换，应由维修方回收；如系用户付款更换，应交给用户。

理解要点：

材料或配件的更换，如果客户付款，相当于是客户购买了，换下的材料或零部件应该留给客户处理；如果免费更换，维修方应该收回。

5.3 上门维修维护

5.3.1 上门维修维护主要包括连续式净水机，由于连接并固定在管道上，不宜拆卸后送修。对体积重量较大、不易搬运送修的净水机，以及特殊用户（如老、残、病、弱等），也可采用上门维修维护。

理解要点：

上门维护的适用范围，主要是三类：

a) 连续式净水机，已安装固定好，拆卸困难。

b) 体积大的净水机，搬运不方便。

c) 特殊人群使用的净水机，出门不方便。

5.3.2 上门维修维护的准备

a) 维修人员应携带维修工具、测试仪表，备换的维修维护材料和部件，以及“维修单”，“维修单”上应记录有接待人员填写的接待信息、产品信息、用户信息；

理解要点：

(1) 维修人员为保证维修维护服务能够尽快解决客户的问题，应做好充分的准备，在维修维护前就要想好可能需要的材料和部件，配备需要的维修工具、测试仪表，尽量一次性完成维修维护服务。

(2) 维修单上提供了净水机的基本信息，故障问题的表现等，维修维护前可针对性地做些准备。

(3) 维修单上提供的客户信息，可以方便维修人员与用户联系并上门服务。

b) 为保证用户屋内整洁，维修人员应携带鞋套（或洁净的工作鞋）、抹布等。

理解要点：

用户屋内为用户的私人空间，维修人员在进行净水机的维护维修过程中不得对用户私人空间造成影响。

5.3.3 上门维修维护流程

a) 进门前，应先按门铃（或敲门），征得用户同意后，穿上鞋套（或洁净的工作鞋）入内；

理解要点：

上门维修，应该遵循基本的礼仪，进门按门铃或敲门；进入房间也不得弄脏用户的房间。

b) 与用户核对“维修单”上的资料和信息；

理解要点：

上门后需确认维修信息，避免发生走错家门、修错净水机等问题。

c) 在维修维护过程中，应避免用户的物品沾污或受损，搬动物品时应征得用户同意，并轻拿轻放；

理解要点：

用户屋内为用户的私人空间，维修人员在进行净水机的维护维修时应避免用户的物品沾污或受损。

d)　首先检查测试进水水压，是否符合“产品使用说明”要求，如不符合应建议用户加装稳压装置；

理解要点：

(1) 首先要检测净水机的使用环境——水压，先排除净水机的外部因素。

(2) 水压不符合净水机进水要求，可以通过与用户协商加装稳压装置来解决。

e)　检查测试净水机，找出故障及问题，请用户确认并在“维修单”上注明；

理解要点：

(1) 找出净水机的故障问题才能保证净水机维修维护有效进行，不检测就无法发现净水机的故障。

(2) 找出故障后，可以进一步确认维护维修方案，所以需客户确认并在“维修单”上签字。

(3) 净水机的故障需记录在维修单上，该信息对产品的维护、改进提供依据。

f)　经检查，非净水机产品质量(含净水机销售方的安装质量)原因导致的损失应由用户自行承担；

理解要点：

净水机制造商仅保证产品正常的质量，非质量问题通常是净水机制造商不可控制的，通常也不由他们承担责任，损失通常由用户承担。

g)　应告知用户维修维护费用，包括维修维护的服务费(含上门费)、更换损坏的材料及部件费。在征得用户认可后再进行修理。对在保修服务范围内的净水机，除更换滤芯、滤料等消耗品外，不应收取费用；

理解要点：

(1) 维护维修方案确定下来，详细的维护维修费用也就确定下来，该信息需告知客户。

(2) 为避免麻烦，得到客户确认后再进行维修维护服务。

(3) 保修服务范围内，更换滤芯、滤料等消耗品，可以收取一定费用，其他费用不得收取，如服务费等。

h)　在进行维修维护前应注意关闭用户进水总阀和净水机进水阀门，并尽可能防止在维修维护时水的外溢；

理解要点：

此条主要针对连续式净水机，关闭进水总阀和净水机的进水阀门，可以有效地防止维修维护过程中水的外溢。

i)　对有条件现场修复的净水机，应现场修复；

理解要点：

能在现场进行修复的，尽量在现场(使用现场或维修点现场)完成净水机的维修维护，返厂维修周期较长，会影响客户对净水机的使用。

j) 对无法当时现场修复的净水机，应向用户说明情况和原因。需再次上门维修维护的，应与用户协商预约再次上门的日期和时间；需拆卸后送维修方或制造商进行修理的，需经用户同意后再拆卸。并将确认的产品故障及问题、修理内容、维修费用及收费情况、第二次上门修理日期或修复后再来用户家装机日期、维修保质期等记录在“维修单”上，“维修单”第一联交给用户作为凭证。将已接收带回的待修净水机，放在维修方指定的待修区域，放上“维修单”第二联，并及时安排维修及时交货。如维修方无法修理，则送制造商修理；

理解要点：

(1) 返厂维修的净水机，需要在维修单上记录相关信息，既方便净水机修理，也保证客户可以有效跟踪，正常取机。

(2) 待返厂修理的净水机应该放置在指定的区域，并有相应的标识，防止净水机混放，造成部分净水机忘记维修的问题。

k) 对在维修维护过程中新发现或新出现的故障及问题，应及时与用户沟通，并将新故障的维修内容及收费情况、修复日期的变化等告知用户并记录在“维修单”上，在征得用户认可后再进行修理；

理解要点：

(1) 维修维护过程中，可能会发现新的净水机故障，此时要注意与客户沟通，客户确认后再进行维修。

(2) 新出现的问题也应该记录在维修单上，并让客户确认。

l) 维修维护中所使用的材料和部件应符合 4.5.1、4.5.2 要求，由维修方提供。如用户坚持自行提供材料和部件，由此产生的质量问题及给用户带来的损失应由用户自行承担；

理解要点：

(1) 维修方的维修维护材料和部件，通常都是制造商特许的，已经证明是合格的和净水机配套的配件，这些配件的运用可以保证净水机的正常运行和使用性能。

(2) 客户按自己的想法用一些质量没有保证的材料和部件，客户理应承担使用这些材料和部件带来的风险。

m) 维修维护结束后，应对维修维护现场进行整理、清扫，搬动的物品应复原，现场如有水迹应擦干。

理解要点：

用户屋内为用户的私人空间，维修维护结束后，应将现场还原为原状，特别是净水机维修过程中可能导致水外溢，要把现场水擦干净。

5.3.4 交付

a) 交付前，应进行试机，确认故障已排除、净水机已修复并能正常使用，查看无漏水、渗水现象，然后再交付用户。试机尽可能在用户在现场时进行，并请用户签字确认；

理解要点：

(1) 交付时，客户要进行确认，确认净水机的正常使用，并签字。

(2) 试机内容包括净水机正常使用，无漏水、渗水现象等。

b)　用户需凭“维修单”第一联接收修复的净水机，交付后应在“维修单”第一联上盖上“已取机”专用章（或注明“已取机”字样），并注明取机日期。该联交由用户，作为维修保质期内保修的凭据。维修单第二联由维修人员带回维修方存档并妥善保管，建议保存期限为 3 年以上；

理解要点：

（1）交付完成后，应该明显标识，如盖“已取机”章，并记录相关信息。

（2）维修单应该保留，建议 3 年以上，该信息对产品的维护、改进提供依据。

c)　交付时，维修人员应主动告知用户：维修保质期、正确使用方法和使用注意事项、维护保养常识，并耐心解答用户的询问；

理解要点：

（1）净水机在维修维护后应该提供一定时间的保质期，保证净水机在保质期内的正常使用。

（2）维修方可以为用户提供一些建议，更好地使用净水机，避免同样的故障发生。

d)　交付时，如收费则应向用户提供有效票据；

理解要点：

凡是在维修维护过程中产生的费用，维修方都应该向用户提供有效的票据证明。

e)　维修维护更换下的材料或零部件，如系免费更换，应由维修方回收；如系用户付款更换，应交给用户。

理解要点：

材料或配件的更换，如果客户付款，相当于是客户购买了，换下的材料或零部件应该留给客户处理；如果免费更换，维修方应该收回。

第 6 章　用户回访

一、概述

本章对净水机维修维护完成后的客户回访进行了规定，净水机维修维护后可能存在一定的隐患，往往滞后发生，通过回访可以了解详情，并安排及时排除，同时对维修维护服务过程进行记录，为改进净水机的维修维护服务提供依据。

二、条款解释

6.1　净水机修复交付后，应至少进行一次用户回访。回访一般在交付后 10 天内进行。

理解要点：

（1）回访目的是确认故障已经排除，净水机可以正常使用，并且对维修维护服务进行评价并记录。

（2）回访的时间是交付 10 天内，保证及时回访，也保证客户正常使用一段时间净水机可以给予反馈。

6.2 回访可采用电话回访、手机短信回访、电子邮件或上网回访、邮政信件回访、上门回访等多种形式中的任意一种或几种。

理解要点：

回访可采用的形式是多样的，只要达到回访目的即可。

6.3 回访应作回访记录，上门回访的记录应请用户签字确认。回访记录应存档并建议保留 3 年以上。

理解要点：

(1) 回访应留有客户确认的回访记录，保证回访记录的真实、有效。

(2) 回访记录可能会被查阅，应保留一定时间，建议 3 年以上。

6.4 回访记录上应注明回访日期、时间、回访人、被访人、回访内容及用户意见。

理解要点：

(1) 记录回访日期、时间、回访人、被访人，方便对回访记录进行追踪。

(2) 记录回访内容及用户意见，可以为改进维修维护服务提供依据。

6.5 回访征询用户意见可包括如下内容：

a) 对维修是否满意；

理解要点：

确定客户是否对维修服务满意，借此评价维修的效果。

b) 对接待人员及维修人员的意见；

理解要点：

确定客户对接待和维修人员的服务状况是否满意，借此评价接待和维修人员的服务质量。

c) 询问已修复的净水机的状况及使用情况；

理解要点：

确定维修维护后净水机的运行状态，确认维修维护完成。

d) 对净水机产品、净水机制造商、净水机销售商、净水机维修方的意见和建议。

理解要点：

客户可以参与到维修维护服务的评价中，从客户的角度提供意见和建议。

6.6 如回访发现已修复的净水机不能正常使用，应迅速查明原因，按维修保质规定进行复检复修，直至净水机能正常使用，使用户满意。

理解要点：

(1) 回访如发现净水机仍不能正常使用，即可确定维修维护服务未完成，需继续进行维修维护服务。

(2) 回访发现的净水机不能正常使用，处理应当迅速，保证客户的满意度。

(3) 维修维护服务的终止是确认客户的净水机可以正常使用。

6.7　回访中用户所提的对净水机产品、净水机制造商、净水机销售商、净水机维修方的意见和建议，应及时向相关单位和部门反馈信息，以提高产品性能、产品质量、维修质量、服务质量。

理解要点：

(1) 客户对改进维修维护服务的意见及建议应该被重视，反馈到相关的部门进行改进。

(2) 客户的意见和建议，可能对提高产品性能、产品质量、维修质量和服务质量有帮助。

6.8　对用户的投诉，应积极认真处理，符合 GB/T 17242 的规定。

理解要点：

(1) 客户对维修维护服务不满意会产生投诉。

(2) 投诉应该按照 GB/T 17242 投诉处理指南的规定进行处理，提高客户及潜在客户的满意度。

附　录

附录1：生活饮用水化学处理剂卫生安全评价规范

附录2：生活饮用水水质处理器卫生安全与功能评价规范——一般水质处理器

附录3：生活饮用水水质处理器卫生安全与功能评价规范——反渗透处理装置

附录4：生活饮用水输配水设备及防护材料卫生安全评价规范

附录5：卫生部涉及饮用水卫生安全产品检验规定（节选）

附录 1:

生活饮用水化学处理剂卫生安全评价规范
Standard for Hygienic Safety Evaluation of Chemicals Used in Drinking Water Treatment

1 范围

本规范规定了生活饮用水化学处理剂的卫生安全要求和监测检验方法。

本规范适用于混凝、絮凝、助凝、消毒、氧化、pH 调节、软化、灭藻、除垢、除氟、除砷、氟化、矿化等用途的生活饮用水化学处理剂。

2 引用资料

生活饮用水水质卫生规范(2001)

生活饮用水检验规范(2001)

3 卫生要求

3.1 生活饮用水化学处理剂在规定的投加量使用时,处理后水的一般感官指标应符合《生活饮用水水质卫生规范》(2001)的要求。

3.2 有害物质指标的要求

3.2.1 生活饮用水化学处理剂带入饮用水中的有害物质是《生活饮用水水质卫生规范》(2001)中规定的物质时,该物质的容许限值为相应规定限值的 10%。本规范规定的有害物质分为四类:

3.2.1.1 金属:砷、镉、铬、铅、银、硒和汞(汞的限量为 0.000 2 mg/L)。

3.2.1.2 无机物:取决于产品的原料、配方和生产工艺。

3.2.1.3 有机物:取决于产品的原料、配方和生产工艺。

3.2.1.4 放射性物质:直接采用矿物为原料的产品应测定总 α 放射性和总 β 放射性。

3.2.2 生活饮用水化学处理剂带入饮用水中的有害物质在《生活饮用水水质卫生规范》(2001)中未作规定时,可参考国内外相关标准判定,其容许限值为该容许浓度的 10%。

3.2.3 如果生活饮用水化学处理剂带入饮用水中的有害物质无依据可确定容许限值时,应按附录 B 确定该物质在饮用水中最高容许浓度,其容许限值为该容许浓度的 10%。

4 监测检验方法

4.1 生活饮用水化学处理剂的样品采集和配制见附录 A。

4.2 本规范采用的监测检验方法为《生活饮用水检验规范》(2001)。

5 本规范由卫生部负责解释。

6 本规范自二〇〇一年九月一日起施行。

附录A　生活饮用水化学处理剂样品采集和配制

1　样品的采集和保存

正确的采集方法、合理的保存和及时送检是保证生活饮用水化学处理剂的分析质量的必要前提。根据生活饮用水化学处理剂的物理形态不同，特制定本方法。

1.1　样品采集

根据下述要求，在生产部门、销售部门或使用单位采集具有代表性的产品样品。样品不得从破损或泄漏的包装中采集。

1.1.1　液体样品的采集

1.1.1.1　批量样品的采集：在批量产品的储存容器中，于不同深度、不同部位，分别采集每份约 100 mL 的五份独立样品，将五份样品充分混合成约 500 mL 的混合样品。

1.1.1.2　包装样品的采集：在没有批量贮存的情况下，可从一批包装中采集一个混合样品，采集数量约为该包装的 5%，最少为 5 个，最多为 15 个。如果包装少于 5 个，则采样方法与批量产品的储存器中的采集方法相同(见 1.1.1.1)。

1.1.1.3　分析和保存用样品的储存：将 1.1.1.1 和 1.1.1.2 所述方法采集的混合样品，分别分装在 3 个约 160 mL 隔绝空气、防潮的玻璃容器或适宜的容器中。每个样品的容器上应标明产品名称、生产厂家、产地、批号、样品包装类型、采集日期以及采集负责人。

其中一份样品用于分析，另二份样品以备重新评价(如果需要)。保存期为一年。

1.1.2　固体样品的采集

1.1.2.1　批量样品的采集：在批量产品的储存器中，于不同深度、不同部位，分别采取每份约 100 g 的五份样品，将这五份样品充分混合成约 500 g 的混合样品。

1.1.2.2　包装样品的采集：可从一批包装中采得一个混合样品，采集的包装数量为该批包装中的 5%，最少为 5 个，最多为 15 个。如果包装少于 5 个，则采集方法与批量储存器中的采集方法相同(见 1.1.2.1)。

1.1.2.3　分析和保存用样品的储存：将 1.1.2.1 和 1.1.2.2 所述方法采集的混合样品，分别分装在 3 个隔绝空气、防潮的玻璃容器或适宜的容器中。每份约 160 g。每个样品的容器上应标明产品名称、生产厂家、产地、批号、样品包装类型、采集日期以及采集负责人。

其中一份样品用于分析，另二份样品用作重新评价(如果需要)，保存期为一年。

1.1.3　气体样品的采集和储存

用适当的气体采样管取一个有代表性的样品。样品的采集应遵照生产厂家的详细说明和安全措施。

每个样品容器上应注明产品名称、生产厂家、产地、批号、采集日期以及采集负责人。

2　供有害物质指标测定样品的配制

样品的配制根据其理化性质和测定项目而异，但必须采取相应的质量保证程序和安全防护措施。

2.1 试剂空白和实验用水

按照测定样品同样方法测得试剂空白。所有实验用水均为纯水。

2.2 样品的配制方法

2.2.1 本法适用于以下产品：硫酸铜、次氯酸钙等。

按10倍于评价剂量称取样品（参照附表）于250 mL烧杯中，以100 mL纯水溶解，在通风橱中以硝酸[ρ20＝1.42 g/mL]酸化至pH＜2，将溶液移至1 000 mL的容量瓶中，用纯水定容。按式(1)计算称样量。按《生活饮用水检验规范》(2001)取样和保存。

$$m = 10 \times \rho \times 1.000 \qquad (1)$$

式中：

m ——称样量，mg；

ρ ——产品建议的评价剂量，mg/L；

10 ——倍数因子；

1.000 ——样品定容的体积，L。

2.2.2 本法适用于以下产品：氟化钠、高锰酸钾、次氯酸钠、碳酸钠、氟硅酸钠、氢氧化钠等。

参考2.2.1，用盐酸[ρ20＝1.18 g/mL]代替硝酸酸化至pH＜2。加盐酸经胺至溶液清澈。配制次氯酸钠溶液时，不加盐酸羟胺，但加碘化钾作稳定剂，加到显深稻草色为止。

2.2.3 本法适用丁以下产品：氧化钙、氢氧化钙、氧化镁等。

首先将样品粉碎并通过100目筛，然后按2倍于评价剂量称取样品（参照附表）于250 mL烧杯中，用少量纯水润湿，在搅拌下，缓慢滴加硝酸溶液(1＋4)，至样品完全溶解，再加硝酸溶液(1＋4)5 mL。将溶液全部转移至1 000 mL容量瓶中，用纯水定容。按式(2)计算称样量。按《生活饮用水检验规范》(2001)取样和保存。

$$m = 2 \times \rho \times 1.000 \qquad (2)$$

式中：

m ——称样量，mg；

ρ ——产品建议的评价剂量，mg/L；

2 ——倍数因子；

1.000 ——样品定容的体积，L。

2.2.4 本法适用于以下产品：硫酸、盐酸等。

于1 000 mL容量瓶中加入400 mL纯水，缓慢加入10 mL样品，并不断振荡，用纯水定容。按《生活饮用水检验规范》(2001)取样和保存。

2.2.5 本法适用于碳酸钙。

称取碳酸钙($CaCO_3$)624 g于2 000 mL锥形瓶中，加入1 000 mL纯水，用塑料膜捆严瓶口。充分摇动后，置于23 ℃±5 ℃恒温箱中24 h。然后，倒掉水液。另加1 000 mL纯水，摇动，再放入恒温箱24 h。

重复以上步骤。直到第三次24 h放置时间后，用定量快速滤纸过滤，收集滤液。按《生活饮用水检验规范》(2001)取样和保存。

2.2.6 本法适用于以下产品：硫酸铁、聚合氯化铝等。

称取1.5 g固体样品（或3.0 g液体样品）于250 mL烧杯中，加纯水至100 mL。小心加入2 mL过氧化氢[$\omega(H_2O_2)=30\%$]和2 mL硝酸[ρ20＝1.42 g/mL]放在95 ℃水浴上加热1 h，使体积降到50 mL以下。冷至室温，移入1 000 mL容量瓶中，用纯水定容。按《生活饮用水检验规范》(2001)取样和保存。

2.2.7 本法适用于氯气等

于 1 000 mL 容量瓶中加入 960 mL 纯水后，将容量瓶、塞子和所装的水一起称量。在通风良好的通风橱中，向容量瓶水中通入气体后，称量到所需量。其所需重量按(3)计算。

然后用纯水定容，盖好瓶塞，并缓慢地倒置容量瓶三次，立即进行测定。

$$m = 100 \times \rho \times 1.000 \qquad \cdots\cdots(3)$$

式中：

m ——通入气体重量，mg；

ρ ——产品建议的评价剂量，mg/L；

100 ——倍数因子；

1.000 ——样品定容的体积，L。

2.2.8 本法适用于聚丙烯酰胺类

称取 5.0 g 样品于 125 mL 棕色玻璃瓶中，加 50 mL 甲醇水溶液[$\psi(CH_3OH)=80\%$]稀释，于振荡器上振荡 3 h。静置，吸取上清液，用气相色谱法测定丙烯酰胺。

2.3 计算

2.3.1 生活饮用水化学处理剂中有害物质的含量：按式(4)计算样品中有害物质的含量。

$$\rho = (m_1 \times V_2)/(m \times V_1) \qquad \cdots\cdots(4)$$

式中：

ρ ——样品中有害物质的含量，μg/g；

m_1 ——从标准曲线上查得样品溶液中的含量，μg；

V_1 ——测定用样品溶液中的体积，mL；

V_2 ——样品配制溶液的体积，mL；

m ——称取样品量，g。

2.3.2 生活饮用水化学处理剂中有害物质被带入饮用水中的含量：按式(5)将样品有害物质含量换算为饮用水中的浓度。

$$\rho = \rho_1 \times (1/1\ 000) \times \rho_2 \qquad \cdots\cdots(5)$$

式中：

ρ ——有害物质被带入饮用水中的浓度，μg/L；

ρ_1 ——样品中有害物质的含量，μg/g；

ρ_2 ——生活用水化学处理剂建议的评价剂量，mg/L。

表 1 生活饮用水化学处理剂建议的评价剂量

编号	化学名称	别名	用途	近似分子量	评价剂量 mg/L	可能含有的杂质
1	聚合氯化铝	碱式氯化铝、羟基氯化铝	混凝	240.2(n=0)	25.0(以 Al 表示)	规范中规定的金属[1)]
2	硫酸铁		混凝	399.88(n=0)	28.0(以 Fe 表示)	规范中规定的金属[1)]
3	氟化钠		氟化	42.0	1.0(以 F^- 表示)	规范中规定的金属[1)]
4	氟硅酸钠		氟化	132.0	1.0(以 F^- 表示)	规范中规定的金属[1)]
5	硫酸铜	五水硫酸铜、胆矾、蓝矾	灭藻	249.68(n=5)	1.0(以 Cu 表示)	规范中规定的金属[1)]
6	次氯酸钠		消毒，氧化	74.5	30(以 Cl_2 表示)	规范中规定的金属[1)]

表 1(续)

编号	化学名称	别名	用途	近似分子量	评价剂量 mg/L	可能含有的杂质
7	次氯酸钙		消毒,氧化	143.1	30(以 Cl_2 表示)	规范中规定的金属[1)]
8	高锰酸钾	灰锰氧	消毒,氧化	158.0	15	规范中规定的金属[1)]
9	氯	氯气	消毒,氧化	71.0	30	汞,可吹除的卤代烃
10	阳离子聚丙烯酰胺		(聚电解质)		1.0(以活性聚合物表示)	丙烯酰胺
11	氢氧化钠	苛性钠	pH 调节	40.1	100	汞
12	碳酸钠	碱面、纯碱、苏打	pH 调节	105.0	100	铬、铅
13	氧化钙	石灰、生石灰	pH 调节	56.0	500	规范中规定的金属[1)] 氟化物、放射性核素[2)]
14	氢氧化钙	熟石灰、消石灰	pH 调节	74.10	650	规范中规定的金属[1)] 氟化物、放射性核素[2)]
15	碳酸钙	石灰石	pH 调节	100.09		规范中规定的金属[1)] 氟化物、放射性核素[2)]
16	氧化镁		pH 调节	40.32	500	砷、铅、放射性核素[2)]
17	硫酸	浓硫酸	pH 调节	98.0	50	砷、铜、硒
18	盐酸	氢氯酸	pH 调节	36.5	40	砷(其他杂质随来源变化)
19	水解聚丙烯酰胺		(聚电解质混凝)	4 百万～2 千万	1.0(以活性聚合物表示)	丙烯酰胺

1)　本规范中规定的金属:砷、镉、铬、铅、汞、银和硒。

2)　直接使用矿物原料的产品应考虑可能的放射性核素污染。

附录B　生活饮用水化学处理剂毒理学安全性评价程序和试验方法

1　范围

本规范适用于生活饮用水化学处理剂的毒理学安全性评价。生活饮用水化学处理剂带入饮用水中的有害物质凡在《生活饮用水水质卫生规范》(2001)和有关卫生标准中未作规定,需通过本程序和方法确定该物质在饮用水中的最高容许浓度。

2　总要求

2.1　申请者应提供有关产品的下述资料：

2.1.1　产品用途、应用条件、实际使用的剂量范围；

2.1.2　产品的原料配方、生产工艺；

2.1.3　产品及其组分的化学结构式和理化特性；

2.1.4　产品可能带入饮水中的物质及估计浓度。

2.2　用于毒理学评价的物质可包括最终产品、产品成分、杂质或其他的衍生物。

3　毒理学安全性评价程序

根据附录A中计算出的有害物质在饮用水中浓度确定毒理学评价的水平。毒理学评价分四级水平,各级程序如下：

3.1　水平Ⅰ

有害物质在饮用水中的浓度小于10 μg/L。

3.1.1　毒理学试验:包括以下遗传毒性试验各一项:基因突变试验(Ames试验)和哺乳动物细胞染色体畸变试验(体外哺乳动物细胞染色体畸变试验,小鼠骨髓细胞染色体畸变试验和小鼠骨髓细胞微核试验)。

3.1.2　结果评定

3.1.2.1　如果上述两项试验均为阴性,则该产品可以投入使用。

3.1.2.2　如果上述两项试验均为阳性,则该产品不能投入使用,或者进行慢性(致癌)试验,以便进一步评价。

3.1.2.3　如果上述两项试验中有一项为阳性,则需选用另外两种遗传毒理学试验作为补充研究。如果均为阴性,则产品可投入使用,如有一项为阳性,则不能投入使用,或进行致癌试验,以便进一步评价。

3.2　水平Ⅱ

有害物质在饮用水中浓度等于或大于10 μg/L～50 μg/L之间。

3.2.1　毒理学试验包括水平Ⅰ全部试验和大鼠90天经口毒性试验。

3.2.2　结果评价

3.2.2.1　对水平Ⅱ中遗传毒理学试验的评价同水平Ⅰ。

3.2.2.2　通过大鼠90天经口毒性试验,确定有害物质在饮用水中的最高容许浓度(根据阈下剂量,安全系数可选用1 000)。

3.3　水平Ⅲ

有害物质在饮用水中的浓度等于或大于 50 μg/L～1 000 μg/L。

3.3.1　毒理学试验：包括水平Ⅱ全部试验和大鼠致畸试验

3.3.2　结果评价

3.3.2.1　对水平Ⅲ中遗传毒理学试验的评价同水平Ⅰ。

3.3.2.2　通过大鼠 90 天经口毒性试验和大鼠致畸试验，确定有害物质在饮用水中的最高容许浓度（大鼠 90 天经口毒性试验：根据阈下剂量，安全系数可选用 1 000；致畸试验：根据阈下剂量，安全系数可选用 1 000；致畸试验：根据阂下剂量，安全系数可选用范围 100～1 000）。

3.4　水平Ⅳ

有害物质在饮用水中的浓度等于或大于 1 000 μg/L。

3.4.1　毒理学试验：包括水平Ⅲ全部试验和慢性毒性试验。

3.4.2.1　对水平Ⅳ遗传毒理试验的评价同水平Ⅰ。

3.4.2.2　通过大鼠 90 天经口毒性试验、大鼠致畸试验和慢性毒性试验，确定有害物质在饮用水中的最高容许浓度（慢性毒性试验：根据阈下剂量，安全系数可选用 100）。

4　毒理学试验方法

参见《化妆品卫生规范》（1999）。

5　本规范由卫生部负责解释。

6　本规范自二〇〇一年九月一日起施行。

附录 2:

生活饮用水水质处理器卫生安全与功能评价规范
——一般水质处理器
Sanitary Standard for Hygienic Safety and Function Evaluation on Treatment Devices of Drinking Water —General Devices

1 范围

本规范规定了生活饮用水水质处理器的定义,与水接触材料的卫生要求,卫生安全性与功能性试验及出水水质要求。

本规范适用于以市政自来水或其他集中式供水为水源的家庭和集团用生活饮用水水质处理器。生产纯水的生活饮用水水质处理器另作规定。

2 引用资料

生活饮用水水质卫生规范(2001)

生活饮用水检验规范(2001)

生活饮用水输配水设备及防护材料卫生安全评价规范(2001)

活性炭净水器(CJ 3023-93)

3 定义

3.1 生活饮用水水质处理器以市政自来水或其他集中式供水为原水,经过进一步处理,旨在改善饮水水质,去除水中某些有害物质为目的的饮用水水质处理器。

4 生活饮用水水质处理器与水接触材料卫生要求

4.1 生活饮用水水质处理器所用材料必须按照本规范要求进行检验和鉴定,符合要求的产品方可使用。

4.2 用于组装生活饮用水水质处理器的材料和直接与饮水接触的成型部件及过滤材料,应按照卫生部《水质处理器中与水接触的材料卫生安全证明文件的规定》提供卫生安全证明文件,否则必须进行浸泡试验。

4.2.1 生活饮用水水质处理器所用材料浸泡试验步骤、浸泡水配制方法和检验结果的评价方法参照《生活饮用水输配水设备及防护材料卫生安全评价规范》(2001)进行。

4.2.2 生活饮用水水质处理器所用膜组件及其他可能被活性氯损坏的样品则用纯水作浸泡试验。

5 生活饮用水水质处理器的卫生安全试验

生活饮用水水质处理器卫生安全性试验采用整机浸泡试验方法。整机浸泡试验方法是按说明书要求,先用纯水注入处理器冲洗,然后注入纯水于室温浸泡 24 小时,测定浸泡水。浸泡后水与原纯水比较，增加量不得超过表1～表5中所列限值。检验水样的采集步骤按《卫生部涉及饮用水卫生安全产品检验规定》进行。

5.1　感官性状要求(见表1)

表1　感官性状要求

项 目	卫生要求
色度	增加量≤5度
浑浊度	增加量≤0.5度(NTU)
臭和味	无异臭和异味
肉眼可见物	不产生任何肉眼可见的碎片杂物等

5.2　一般化学指标要求(见表2)

表2　一般化学指标要求

项 目	卫生要求
耗氧量	增加量≤2(以 O_2 计,mg/L)

5.3　毒理学指标要求(见表3)

表3　毒理学指标要求

项 目	卫生要求
铅	增加量≤0.001 mg/L
镉	增加量≤0.000 5 mg/L
汞	增加量≤0.000 2 mg/L
铬(六价)	增加量≤0.005 mg/L
砷	增加量≤0.005 mg/L
挥发酚类	增加量≤0.002 mg/L

5.4　微生物指标要求(见表4)

表4　微生物指标要求

项 目	卫生要求
细菌总数	≤100 CFU/mL
总大肠菌群	每100 mL水样不得检出
粪大肠菌群	每100 mL水样不得检出

5.5　其他指标若处理器内含有载银活性碳、碘树脂等消毒部分，其他相关指标要求见表5

表 5 银、碘等其他指标要求

项 目	卫生要求
银	≤0.05 mg/L
碘	不得使水有异味
其他	不得超过《生活饮用水水质卫生规范》(2001)的要求

6 功能试验

6.1 生活饮用水水质处理器的出水水质均应符合《生活饮用水水质卫生规范》(2001)要求。

6.2 以活性炭为主要过滤材料者，在额定总净水量达到前，应保持申报的流量并在任一次检测中，耗氧量的去除率应≥25%，感官指标有明显改善。

6.3 膜过滤、分子筛、陶瓷等过滤器，在额定总净水量内应保持申报的流量并须达到申报的净化处理效率。

6.4 去除特殊成分的饮用水水质处理器(除氟、除砷、软化水器等)在额定总净水量内应保持申报的流量并须达到申报的去除功能。

6.5 如生活饮用水水质处理器中含有载银活性炭，碘树脂等消毒部件，则通过处理器的出水中，在额定总净水量范围内的任何阶段，应有明显消毒作用。

6.6 多种单元或过滤材料组合的生活饮用水水质处理器，当生活饮用水水质处理器中含有多种单元或过滤材料，则功能试验应为各部分功能的和。

7 大型生活饮用水水质处理器

大型生活饮用水水质处理器的功能试验方法参照《卫生部涉及饮用水卫生安全产品检验规定》进行。

8 检验方法

按《生活饮用水检验规范》(2001)进行检验。

9 本规范由卫生部负责解释。

10 本规范自二〇〇一年九月一日起施行。

附录 3：

生活饮用水水质处理器卫生安全与功能评价规范
——反渗透处理装置
Sanitary Standard for Hygienic Safety and Function Evaluation on Treatment Devices of Drinking Water —Reverse Osmosis Device

1　范围

本规范规定了生活饮用水反渗透处理装置的定义，与水接触材料的卫生要求，卫生安全性与功能性试验，净化处理效率和出水水质要求。

本规范适用于以市政自来水或其他集中式供水为水源的家庭和集团反渗透饮水处理装置。其他各类生产纯水饮用水水质处理器参照本规范执行。

2　引用资料

生活饮用水水质卫生规范(2001)

生活饮用水检验规范(2001)

瓶装饮用纯净水(GB 17323—1998)

瓶装饮用纯净水卫生标准(GB 17324—1998)

反渗透饮水处理装置(ANSI/NSF 58 1996)美国国家标准/全国卫生基金委员会国际标准

3　定义

3.1　反渗透处理装置：以市政自来水或其他集中式供水为原水，采用反渗透技术净水，旨在去除水中有害物质，获得作为饮水的纯水处理装置。

4　反渗透处理装置与水接触材料卫生要求

4.1　反渗透处理装置所用材料必须按照本规范要求进行检验和鉴定，符合要求的产品方可使用。

4.2　用于组装反渗透处理装置的材料和直接与饮水接触的成型部件及过滤材料，按照卫生部《水质处理器中与水接触的材料卫生安全证明文件的规定》提供卫生安全证明文件，否则必须进行浸泡试验。

4.2.1　反渗透处理装置所用材料浸泡试验步骤、浸泡水配制方法和检验结果的评价方法参照《生活饮用水输配水设备及防护材料卫生安全评价规范》(2001)进行。

5　反渗透处理装置的卫生安全试验

反渗透处理装置卫生安全性试验采用整机浸泡试验方法。先用纯水注入反渗透处理装置中冲洗，然后用纯水于室温浸泡 24 小时，测定浸泡水。浸泡后水与原纯水比较，增加量不得超过表 1 至表 4 中所列限值。检验水样的采集步骤按《卫生部涉及饮用水卫生安全产品检验规定》进行。

5.1　感官性状要求(见表 1)

表 1 感官性状要求

项 目	卫生要求
色度	增加量≤5 度
浑浊度	增加量≤0.5 度(NTU)
臭和味	无异臭和异味
肉眼可见物	不产生任何肉眼可见的碎片杂物等

5.2 一般化学指标要求(见表 2)

表 2 一般化学指标要求

项 目	卫生要求
耗氧量	增加量≤2(以 O_2 计,mg/L)

5.3 毒理学指标要求(见表 3)

表 3 毒理学指标要求

项 目	卫生要求
铅	增加量≤0.001 mg/L
镉	增加量≤0.0005 mg/L
汞	增加量≤0.0002 mg/L
铬(六价)	增加量≤0.005 mg/L
砷	增加量≤0.005 mg/L
挥发酚类	增加量≤0.002 mg/L

5.4 微生物指标要求(见表 4)

表 4 微生物指标要求

项 目	卫生要求
细菌总数	≤100 CFU/mL
总大肠菌群	每 100 mL 水样不得检出
粪大肠菌群	每 100 mL 水样不得检出

6 净化处理效率

反渗透处理装置的净化处理效率应符合以下要求

6.1 一般指标和无机物质在应用压力下的净化效率应符合表 5 要求。

6.2 挥发性有机物的净化效率应符合表 6 要求。

6.3 通过反渗透饮水处理装置的出水应符合表 7 要求。

6.4 除上表所列指标外,其他项目均不得超过《生活饮用水水质卫生规范》(2001)中所列的限值。

表 5　无机物质去除效率

项 目	起始浓度,mg/L	去除率,%
砷(As^{3+})	0.30	≥83
镉	0.03	≥83
铬(六价)	0.15	≥67
氟化物	8.0	≥75
铅	0.15	≥90
硝酸盐氮	30.0	≥67

表 6　挥发性有机物的去除效率

指 标	起始浓度,μg/L	去除率,%
四氯化碳	78	≥98
三氯甲烷	300	≥95

表 7　出水水质卫生要求

指 标	限 值
色度	5 度
浑浊度	1 度(NTU)
臭和味	不得有能觉察的臭和味
肉眼可见物	不得含有
pH 值	高于 5.0
铅	0.01 mg/L
砷	0.01 mg/L
挥发酚类(以苯酚计)	0.002 mg/L
耗氧量	1.0 mg/L
三氯甲烷	15 μg/L
四氯化碳	1.8 μg/L
细菌总数	20 CFU/mL
总大肠菌群	每 100 mL 水样不得检出
粪大肠菌群	每 100 mL 水样不得检出

7　大型生活饮用水水质处理器

大型生活饮用水水质处理器的功能试验方法参照《卫生部涉及饮用水卫生安全产品检验规定》进行。

8 检验方法

按照《生活饮用水检验规范》(2001)执行。检验项目选择和样品处理参阅《卫生部涉及饮用水卫生安全产品检验规定》。

9 本规范由卫生部负责解释。

10 本规范自二〇〇一年九月一日起执行。

附录 4：

生活饮用水输配水设备及防护材料卫生安全评价规范
Standard for Hygienic Safety Evaluation of Equipment and Protective Materials in Drinking Water

1　范围

本规范规定了生活饮用水输配水设备和防护材料的卫生安全评价。

生活饮用水输配水设备是指与生活饮用水接触的输配水管、蓄水容器、供水设备、机械部件(如阀门、水泵、水处理剂加入器等);防护材料是指与生活饮用水接触的涂料、内衬等。

本规范同样适用于与饮用水接触的水处理材料(如水质处理器滤芯、膜组件、活性炭等)的卫生安全评价。

2　引用资料

生活饮用水水质卫生规范(2001)

生活饮用水检验方法规范(2001)

3　卫生要求

3.1　凡与饮用水接触的输配水设备、水处理材料和防护材料不得污染水质,出水水质必须符合《生活饮用水水质卫生规范》(2001)的要求。

3.2　生活饮用水输配水设备、水处理材料和防护材料应按附录 A 和附录 B 的规定进行浸泡试验。

3.3　浸泡水需按附录 A 和附录 B 的方法处理。检测结果必须分别符合表 1 和表 2 的规定。

表 1　浸泡试验基本项目的卫生要求

项 目	卫 生 要 求
色	增加量≤5 度
浑浊度	增加量≤0.2 度(NTU)
臭和味	浸泡后水无异臭、异味
肉眼可见物	浸泡后水不产生任何肉眼可见的碎片杂物等
pH 值	改变量≤0.5
溶解性总固体	增加量≤10 mg/L
耗氧量	增加量≤1(以 O_2 计,mg/L)
砷	增加量≤0.005 mg/L
镉	增加量≤0.000 5 mg/L
铬	增加量≤0.005 mg/L
铝	增加量≤0.02 mg/L

表 1（续）

项目	卫生要求
铅	增加量≤0.001 mg/L
汞	增加量≤0.000 2 mg/L
三氯甲烷	增加量≤0.006 mg/L
挥发酚类	增加量≤0.002 mg/L

3.4 防护涂料的浸泡水尚需进行下列毒理学试验

3.4.1 急性经口毒性（LD_{50}）不得小于 10 g/kg 体重。

3.4.2 两项致突变试验：Ames 试验和哺乳动物细胞染色体畸变试验两项均应为阴性。

3.5 当用新材料制备输配水设备、水处理材料和防护材料时，应测定在水中的溶出物及其浓度，并根据国内外相关标准评价其安全性。无标准可依的，按附录 C 进行毒理学试验确定限值。

4 检验

4.1 所有样品应检验表 1 的全部项目，并根据样品的种类、性质按表 3 确定输配水设备浸泡试验增测检验项目；按表 4 确定防护材料浸泡试验选测检验项目；按表 5 确定水处理材料浸泡试验选测检验项目。

4.2 与饮用水接触的防护材料浸泡试验共进行 30 天。第 1 次（浸泡第 1 天）和第 6 次（浸泡第 30 天）的浸泡水检验项目为《生活饮用水水质卫生规范》(2001)表 1 中“感官性状和一般化学指标”和“毒理学指标”全部项目以及本规范 4.1 条中规定项目。其余四次检验的项目为表 1 所列基本项目和第 1 次检验中的超标项目。

4.3 检验方法按《生活饮用水检验方法规范》(2001)执行。

表 2 浸泡试验增测项目的卫生要求

项目	卫生要求
铁	增加量≤0.06 mg/L
锰	增加量≤0.02 mg/L
铜	增加量≤0.2 mg/L
锌	增加量≤0.2 mg/L
钡	增加量≤0.05 mg/L
镍	增加量≤0.002 mg/L
锑	增加量≤0.000 5 mg/L
四氯化碳	增加量≤0.000 2 mg/L
邻苯二甲酸酯类	增加量≤0.01 mg/L
银	增加量≤0.005 mg/L
锡	增加量≤0.002 mg/L
氯乙烯	材料中含量≤1.0 mg/kg
苯乙烯	增加量≤0.002 mg/L

表 2（续）

项目	卫生要求
环氧氯丙烷	增加量≤0.002 mg/L
甲醛	增加量≤0.05 mg/L
丙烯腈	材料中含量≤11 mg/kg
总 α 放射性	不得增加(不超过测量偏差的 3 个标准差)
总 β 放射性	不得增加(不超过测量偏差的 3 个标准差)
苯	增加量≤0.001 mg/L
总有机碳(TOC)	增加量≤1 mg/L
受试产品在水中可能溶出的其他成分	根据国内外相关标准判定项目及限值，无相关标准可依的，按附录 C 进行毒理学试验确定限值。毒理学指标应不大于限值的十分之一。

5　本规范由卫生部负责解释。

6　本规范自二〇〇一年九月一日起施行。

表 3　生活饮用水输配水设备浸泡试验增测检验项目

类别	材质名称	铁	锰	铜	锌	钡	镍	锑	四氯化碳	锡	聚合物单体和添加剂 K	总有机碳 T	总 α 总 β	GC/MS 鉴定 T	ICP 鉴定 T	其他
金属	不锈钢、铜、镀锌钢材、铸铁等	○	○	○	○		○								○	根据具体条件和需要确定
塑料	聚乙烯、聚丙烯、聚苯乙烯、聚碳酸酯、聚酰胺、聚氯乙烯、工程塑料等					○		○	○	○	○	○		○	○	
橡胶	硅橡胶等										○	○		○	○	
复合材料	玻璃钢、铝塑复合管等								○		○	○		○	○	
硅酸盐类	陶瓷、水泥等	○	○	○	○								○		○	
新材料		○	○	○	○	○	○	○	○	○	○	○	○	○	○	

T　选测项目

K　为有毒害作用的单体、添加剂，如氯乙烯、苯乙烯、环氧氯丙烷、醛类、丙烯腈、邻苯二甲酸(2-乙基己基)酯等可根据具体聚合物类别选项测定，也可以增加新项目。

表 4　与饮用水接触的防护材料浸泡试验增测检验项目

品名	铁	锌	氟化物	四氯化碳	甲醛	环氧氯丙烷	苯乙烯	苯	总有机碳 T	GC/MS 鉴定 T	ICP 鉴定 T	其他
漆酚	○	○		○	○			○	○	○	○	根据具体条件和需要确定
聚酰胺环氧树脂				○		○	○		○	○	○	
有机硅			○	○					○	○	○	
聚四氟乙烯			○	○					○	○	○	
环氧酚醛				○	○	○	○	○	○	○	○	
水基改性环氧树脂				○	○	○	○		○	○	○	
脱模涂料				○	○			○	○	○	○	
其他				○					○	○	○	
新化学物质	○	○	○	○	○	○	○	○	○	○	○	

T　选测项目

表 5　与饮用水接触的水处理材料浸泡试验增测检验项目

品 名	铁	锰	铜	锌	银	氟化物	硝酸盐氮	四氯化碳	总有机碳*	GC/MS 鉴定*	总 α 总 β	ICP 鉴定*	其他
聚丙烯微滤芯	○	○	○	○	○	○	○	○	○				根据具体条件和需要确定
中空纤维超滤膜	○	○	○	○	○	○	○	○	○				
反渗透膜	○	○	○	○	○	○	○	○	○				
粉末活性炭	○	○	○	○	○	○	○	○	○	○			
颗粒活性炭	○	○	○	○	○	○	○	○	○	○			
骨炭	○	○	○	○	○	○	○	○	○	○			
锰砂	○	○	○	○	○	○	○	○	○				
活性氧化铝	○	○	○	○	○								
分子筛	○	○	○	○	○								
硅藻土	○	○	○	○	○	○	○						
离子交换树脂	○	○	○	○	○		○			○			
麦饭石	○	○	○	○	○	○	○				○	○	
天青石	○	○	○	○	○	○	○				○	○	
其他	○	○	○	○	○	○	○				○	○	
新材料	○	○	○	○	○	○	○		○	○	○	○	

*　选测项目

附录 A　生活饮用水输配水设备检验方法

1　样品预处理

1.1　采样

为尽可能符合应用条件，在浸泡试验中应使用输配水管或有关产品的最终产品。当最终产品容积过大时，可根据具体情况，按比例适当缩小。

1.2　预处理

用自来水将试样清洗干净，并连续冲洗 30 min，然后用浸泡水立即进行浸泡。

1.3　浸泡试验

1.3.1　浸泡水制备

1.3.1.1　试剂

1.3.1.1.1　纯水：用蒸馏水或去离子水，电导率小于 2 μS/cm。

1.3.1.1.2　0.025 mol/L 氯贮备液：取 7.3 mL 试剂级次氯酸钠（5%NaClO），用纯水稀释至 200 mL，贮于密闭具塞的棕色瓶中，于 20 ℃避光保存，每周新鲜配制。

测定氯含量：取 1.0 mL 氯贮备液，用水稀释至 1.0 L，立即分析总余氯，将此值定为“A”。

测定所需的余氯：为了获得 2.0 mg/L 余氯，需要向浸泡水中加入氯贮备液的量，按式（A1）计算：

$$V=\frac{2.0\times B}{A} \qquad \text{(A1)}$$

式中：

V——需加入氯贮备液的体积，mL；

B——标准浸泡水的体积，L；

A——氯贮备液的浓度，mg/mL。

1.3.1.1.3　0.04 mol/L 钙硬度贮备液：称取 4.44 g 无水氯化钙（$CaCl_2$），溶于纯水中，稀释至 1.0 L，充分混匀，每周新鲜配制。

1.3.1.1.4　0.04 mol/L 碳酸氢钠缓冲液：将 3.36 g 无水碳酸氢钠（$NaHCO_3$）溶于纯水中，并用纯水稀释至 1 L，充分混匀。每周新鲜配制。

1.3.1.2　浸泡水的配制：配制 pH 为 8、硬度 100 mg/L、有效氯为 2 mg/L 的浸泡水方法如下：取 25 mL 碳酸氢钠的缓冲液（1.3.1.1.4）、25 mL 钙硬度贮备液（1.3.1.1.3）以及所需的氯贮备液（见 1.3.1.1.2），用纯水稀释至 1 L。按此比例配制实际所需要的浸泡水。

1.3.2　浸泡

1.3.2.1　浸泡条件：受试产品接触浸泡水的表面积与浸泡水的容积之比应不小于在实际使用条件下最大的比例。对于输配水管应使用该类产品中直径最小的。

1.3.2.2　浸泡试验

1.3.2.2.1　用试验用浸泡水充满受试水管或水箱，不留空隙，两端用包有聚四氟乙烯薄膜的干净软木塞或橡皮塞塞紧，在 25 ℃±5 ℃避光的条件下浸泡 24 h±1 h。

1.3.2.2.2　对于机械部件，如不能在部件内进行浸泡试验时，可将部件放在玻璃容器中浸泡，条件同上。

1.3.2.2.3　另取相同容积玻璃容器，加满试验用浸泡水，在相同条件下放置 24 h±1 h，作空白对照。

1.3.3　浸泡水的收集和保存

浸泡一段时间后，立即将浸泡水放入预先洗净的样品瓶内。一般收集至分析间隔的时间尽可能缩短。某些项目需尽快的测定。有些项目需加入适当的保存剂。需加入保存剂的水样，一般应先把保存剂加入瓶中，或直接低温保存。详细方法见下表。

表 浸泡水的收集和保存

项目	保存剂	容器	贮藏
色、臭、味	无	玻璃瓶	4 ℃,24 h内测定
浑浊度	无	玻璃瓶	4 ℃
金属(汞除外)	加浓硝酸至 pH<2	聚乙烯瓶	室温
汞	加浓硝酸至 pH<2,每 100 mL 水样加 1 mL5%重铬酸钾溶液	聚乙烯瓶	室温
砷	无	玻璃瓶	室温
苯酚、氰化物	加氢氧化钠至 pH>12	棕色玻璃瓶	4 ℃,24 h内测定
多环芳烃	无	棕色玻璃瓶	4 ℃
混合有机物	无	棕色玻璃瓶	4 ℃
溶剂	无	玻璃瓶	4 ℃
挥发性有机物	少量硫代硫酸钠	玻璃瓶	4 ℃

1.3.4 膜组件或其他可能被有效氯损坏的部件用纯水进行浸泡试验

2 检验方法

按《生活饮用水检验方法规范》(2001)执行。

附录B　与饮用水接触的防护材料检验方法

1　样品预处理

1.1　试样的制备

1.1.1　按生产厂提供的使用条件(如涂层厚度、涂后干燥时间等)制备试样，可将涂层涂在玻璃片上，如玻璃片不合适，可根据生产厂的建议选用。

1.1.2　取 100 mm×100 mm 玻璃片，洗净烘干。在玻璃片两面按实际使用厚度涂以涂料。在干燥处自然干燥，制成涂料片。

1.1.3　预处理：用自来水将试样涂料片清洗干净，立即进行浸泡试验。

1.2　浸泡试验

1.2.1　浸泡水的制备：同附录 A 中 1.3.1 条。

1.2.2　浸泡条件：试样的表面积与浸泡水容积比为 50 cm^2/L(用于毒理学试验的涂层表面积和浸泡水容积比为 1 000 cm^2/L)。如为多层涂料，则将各层涂料分别涂在玻璃片(或根据生产厂的建议选用)上，同时固定在浸泡水中。每种涂料试样与浸泡水容积比均按 50 cm^2/L 计算。

1.2.3　浸泡

1.2.3.1　将试样片分别插入放于玻璃容器中的玻璃固定架上，使试样片保持垂直，互不接触，或者将试样片悬挂于玻璃器中。在密闭、避光 25 ℃±5 ℃温度下进行浸泡。丁浸泡后 1、3、5、10、20 和 30 天收集全部浸泡水，供检测分析用，以观察溶出污染物浓度的衰减情况，第 30 天的浸泡水中污染物浓度用于评价是否符合本规范的规定。在收集浸泡水的同时，全部换入新的浸泡水。

1.2.3.2　制备空白对照时，除玻璃片上不涂防护材料外，其他一切试验条件同 1.2.3.1。

1.2.4　浸泡水收集和保存

同附录 A 中 1.3.3 条。

2　检验方法

按《生活饮用水检验方法规范》(2001)执行。

附录C 生活饮用水输配水设备及防护材料的卫生毒理学评价程序和方法

1 范围

本程序和方法适用于生活饮用水输配水设备(包括一切与饮用水接触的设备)、水处理材料和防护材料的卫生毒理学评价。当生活饮用水输配水设备、水处理材料和防护材料在水中溶出的有害物质未规定最大容许浓度时,需按本方法进行毒理学试验确定其在饮用水中的限值。

2 总要求

2.1 生产者必须提供下列资料:

2.1.1 产品应用条件、应用范围、理化性质;

2.1.2 配方、生产方法;

2.1.3 配方各成分的化学结构式、杂质成分和含量;

2.1.4 在饮用水浸泡过程中可能溶出的物质及估计浓度。

2.2 生产者必须根据实际应用情况制备试样和提供试验样品。

3 毒理学评价程序

根据生活饮用水输配水设备、水处理材料和防护材料在水中溶出物质的浓度,分四个水平进行毒理学试验,以确定其在水中的最大容许浓度。

3.1 水样Ⅰ:当溶出物质在水中的浓度<10 μg/L时选用

3.1.1 试验项目:两项遗传毒理学试验。

3.1.1.1 基因突变试验:Ames试验。

3.1.1.2 哺乳动物染色体畸变试验:体外哺乳动物细胞染色体畸变,或小鼠骨髓细胞染色体畸变试验,或小鼠骨髓细胞微核试验任选一项。

3.1.2 结果评价

3.1.2.1 如果上述两项试验均为阴性,则可以通过。

3.1.2.2 如果上述两项试验均为阳性,则该产品不能通过,或进行慢性试验以便进一步评价。

3.1.2.3 如果上述两项试验中有一项为阳性,则需选用另外两种遗传毒性试验做为补充,包括一种基因突变试验和一种哺乳动物细胞染色体畸变试验。如果均为阴性,则产品可通过,如有一项阳性则不能通过,或进行慢性试验,以便进一步评价。

3.2 水平Ⅱ:当溶出物质在水中浓度为≥10~<50 μg/L时选用

3.2.1 试验项目

3.2.1.1 水平Ⅰ试验

3.2.1.2 大鼠90天经口毒性试验

3.2.2 结果评价

3.2.2.1 对遗传毒理学试验结果的评价同水平Ⅰ。

3.2.2.2 通过大鼠90天经口毒性试验,确定溶出物质在水中的最大容许浓度(安全系数一般选用1 000)。

3.2.2.3 当溶出物质在水中的实际浓度超过最大容许浓度时,不能通过。

3.3 水平Ⅲ:当溶出物质在水中浓度≥50~<1 000 μg/L时选用

3.3.1　试验项目

3.3.1.1　水平Ⅱ试验

3.3.1.2　大鼠致畸试验

3.3.2　结果评价

3.3.2.1　对遗传毒理学试验结果评价水平同水平Ⅰ。

3.3.2.2　当致畸试验结果为阳性时该产品通过。

3.3.2.3　综合全部试验结果，确定溶出物质在水中的最大容许浓度。

3.3.2.4　当溶出物质在水中的实际浓度超过最大容许浓度时，不能通过。

3.4　水平Ⅳ：当溶出物质在水中浓度大于1 000 μg/L时选用

3.4.1　试验项目

3.4.1.1　水平Ⅲ试验

3.4.1.2　大鼠慢性毒性试验

3.4.2　结果评价

3.4.2.1　当致畸试验结果为阳性时，不能通过。

3.4.2.2　当致癌试验和遗传毒理学试验结果综合评价，溶出物质有致癌性时，不能投入使用。

3.4.2.3　根据慢性试验结果确定溶出物质在水中的最大容许浓度。

3.4.2.4　当溶出物质在水中的实际浓度超过最大容许浓度时，不能通过。

4　试验方法

参见《化妆品卫生规范》(1999)。

附录5:

卫生部涉及饮用水卫生安全产品检验规定(节选)
(自2001年10月1日起实施)

1 涉及饮用水卫生安全产品检验时限

序号	产品名称	检验时限(天)	
		卫生安全性	卫生功能性
1	与生活饮用水接触的输配水设备		
1.1	管材	30(如含毒理实验为50)	
1.2	管件	30(如含毒理实验为50)	
1.3	蓄水容器(含水箱)	30(如含毒理实验为50)	
1.4	止水材料	30(如含毒理实验为50)	
2	与生活饮用水接触的防护材料		
2.1	涂料	50	
2.2	内衬	50	
3	与生活饮用水接触的水处理材料		
3.1	水质处理器滤芯	30	
3.2	膜组件	30	
3.3	活性炭	30	
4	生活饮用水化学处理剂	30	
5	生活饮用水水质处理器——一般水质处理器	30	
5.1	活性炭净水器	30	35
5.2	膜过滤净水器	30	35
5.3	净水器另加消毒组件	30	35
5.4	特种净水器(如除氟、除砷)	30	
5.5	其他家用净水器	另议	另议
6	生活饮用水水质处理器——矿化水器	30	35
7	生活饮用水水质处理器——纯净水处理器	30	35
7.1	反渗透水器	30	35
7.2	纳滤水器	30	35
7.3	离子交换水器	30	35
7.4	电渗析水器	30	35
7.5	蒸馏水器	30	35
8	大型水质处理器	50	
8.1	反渗透水质处理器	50	

表(续)

序号	产品名称	检验时限(天)	
		卫生安全性	卫生功能性
8.2	活性炭水质处理器	50	
8.3	超滤水质处理器	50	
8.4	除铁、锰水质处理器	50	
8.5	除氟水质处理器	50	
8.6	其他大型水质处理器	另议	

说明：

1　本表中所列时间为完成该类产品全部检验项目所需时间。

2　检验时限为自正式受理样品之日起至出具检验报告之日。

3　检验机构受理样品时应将出具报告时间及相关事宜通知送检单位。

4　特殊情况(例如检验时限内含长假)由检验机构与送检单位协商确定检验时限。如遇滤速甚慢的水质处理器(如陶瓷滤芯、滤膜阻塞),则检验时限应予延长。

水样滤过时间(天)＝ 额定总净水量/每日滤水量。

5　各类一般水质处理器、矿化水器、纯净水处理器(不含大型水质处理器),如卫生安全性与卫生功能性检验在同一检验机构检验,则全部检验时限可缩短为45天。

6　检验机构应将本表内容向送检单位公布。

2　涉及饮用水卫生安全产品检验所需样品数量及规格

序号	产品名称	所需样品数量	规格
1	与生活饮用水接触的输配水设备		
1.1	管材	足够容纳6升浸泡液的管长,见说明1	以申报产品中管径最小的取样
1.2	管件	能产生6升浸泡液的管件,见说明2	
1.3	蓄水容器	模拟水箱2份或板块	理化:1升浸泡液浸泡50 cm^2 毒理:1升浸泡液浸泡1 000 cm^2
1.4	止水材料	能产生6升浸泡液,产品接触浸泡水的面积与浸泡水的容积之比不小于实际使用条件下的最大比例	
2	与生活饮用水接触的防护材料		
2.1	涂料	10 cm×10 cm双面涂样的玻璃40片;原样最小包装3份	理化:1升浸泡液浸泡50 cm^2 毒理:1升浸泡液浸泡1 000 cm^2
2.2	内衬	10 cm×10 cm样片40片	
3	与生活饮用水接触的水处理材料		
3.1	水质处理器滤芯	能产生6升浸泡液的样品,见说明4	
3.2	膜组件	能产生6升浸泡液的样品,见说明4	
3.3	活性炭	能产生6升浸泡液的样品,见说明4	

表（续）

序号	产品名称	所需样品数量	规格
4	生活饮用水化学处理剂	4份，每份不少于100 g（固体）或100 mL（液体）	
5	生活饮用水水质处理器，一般水质处理器		
5.1	活性炭净水器	国产品8台；进口产品5台	
5.2	膜过滤净水器	国产品8台；进口产品5台	
5.3	净水器另加消毒组件	国产品8台；进口产品5台	
5.4	特种净水器（如除氟、除砷）	国产品8台；进口产品5台	
5.5	其他家用净水器	另议	
6	生活饮用水水质处理器——矿化水器	国产品8台；进口产品5台	
7	生活饮用水水质处理器——纯净水处理器	国产品6台；进口产品3台	
7.1	反渗透水器	国产品6台；进口产品3台	
7.2	纳滤水器	国产品6台；进口产品3台	
7.3	离子交换水器	国产品6台；进口产品3台	
7.4	电渗析水器	国产品6台；进口产品3台	
7.5	蒸馏水器	国产品6台；进口产品3台	
8	大型水质处理器	1台	
8.1	反渗透水质处理器	1台	
8.2	活性炭水质处理器	1台	
8.3	超滤水质处理器	1台	
8.4	除铁、锰水质处理器	1台	
8.5	除氟水质处理器	1台	
8.6	其他大型水质处理器	1台	

说明：

1　管材检验为取6升浸泡液用作检验，则不同管内径（mm）所需管长度（m）如下：

管内径（ϕ，mm）	16	20	25	32	40	50	63	75	90	110
需管长（m）	30	19	12	8	5	3	2	1.5	1	0.7

2　管件按内表面估计，500 cm^2 加入1 L浸泡液浸泡。

3　各种家用净水器、矿化水器需样8台，其中用于卫生安全性检验3台，卫生功能性检验5台。

4　颗粒状材料以表观体积计算，加入50倍体积的浸泡液；膜组件和结构滤芯以外观面积计算，500 cm^2 加入1 L浸泡液浸泡。浸泡液配制采用《生活饮用水输配水设备及防护材料卫生安全评价规范》附录A方法制备。浸泡时间24 h±1 h，浸泡温度25 ℃±5 ℃。

5　上述样品所产生的水样不足检验所需时，由检验单位与送检单位协商确定样品数量。但检验机构应在受理样品之前告知送检单位。

6　检验机构应将本表内容向送检单位公布。

3 涉及饮用水卫生安全产品检验项目及要求

3.1 与生活饮用水接触的输配水设备(管材、管件、蓄水容器、止水材料)检验项目

类别	金属	塑料	橡胶	复合材料	硅酸盐类	新材料	其他
材质名称	不锈钢、铜、镀锌材料、铸铁等	聚乙烯、聚丙烯、聚苯乙烯、聚碳酸酯、聚酰胺、聚氯乙烯、工程塑料等	硅橡胶等	玻璃钢、铝塑复合管等	陶瓷、水泥等		
色	√	√	√	√	√	○	根据具体条件和需要确定
浑浊度	√	√	√	√	√	○	
臭和味	√	√	√	√	√	○	
肉眼可见物	√	√	√	√	√	○	
pH	√	√	√	√	√	○	
溶解性总固体	√	√	√	√	√	○	
耗氧量	√	√	√	√	√	○	
砷	√	√	√	√	√	○	
镉	√	√	√	√	√	○	
铬(六价)	√	√	√	√	√	○	
铝	√	√	√	√	√	○	
铅	√	√	√	√	√	○	
汞	√	√	√	√	√	○	
三氯甲烷	√	√	√	√	√	○	
挥发酚类	√	√	√	√	√	○	
铁	√				√	○	
锰	√				√	○	
铜	√				√	○	
锌	√				√	○	
钡		√				○	
镍	√					○	
锑		√				○	
四氯化碳		√		√		○	
锡		√				○	
聚合物单体和添加剂		√	√	√		○	
总有机碳★							
总α总β放射性					√	○	
GC/MS鉴定★							
ICP鉴定★							
毒理实验						○	
其他	根据具体条件和需要确定						

说明:

1. 聚合物单体和添加剂如氯乙烯、苯乙烯、环氧氯丙烷、甲醛、丙烯腈、邻苯二甲酸二(2-乙基己基)酯可根据具体聚

合物类别选项测定，也可以增加新项目。

2. 有★者为选测项目。

3. √ 由省级卫生行政部门认定的检验机构检验。

4. ○ 由卫生部认定的检验机构检验。

5. 国内外有标准，首次用于涉水产品，做毒理实验；国内外无标准，首次用于涉水产品，制定水中最高允许浓度。

6. 检验机构应将本表内容向送检单位公布。

3.2 与生活饮用水接触的防护材料（涂料、内衬等）检验项目

类别	漆酚	聚酰胺环氧树脂	有机硅	聚四氟乙烯	环氧酚醛	水基改性环氧树脂	脱膜涂料	新化学物质	其他
色	√	√	√	√	√	√	√	○	根据具体条件需要确定检验项目
浑浊度	√	√	√	√	√	√	√	○	
臭和味	√	√	√	√	√	√	√	○	
肉眼可见物	√	√	√	√	√	√	√	○	
pH	√	√	√	√	√	√	√	○	
溶解性总固体	√	√	√	√	√	√	√	○	
耗氧量	√	√	√	√	√	√	√	○	
砷	√	√	√	√	√	√	√	○	
镉	√	√	√	√	√	√	√	○	
铬（六价）	√	√	√	√	√	√	√	○	
铝	√	√	√	√	√	√	√	○	
铅	√	√	√	√	√	√	√	○	
汞	√	√	√	√	√	√	√	○	
三氯甲烷	○	○	○	○	○	○	○	○	
挥发酚类	√	√	√	√	√	√	√	○	
铁	√							另订	
锌	√							另订	
氟化物			√	√				另订	
四氯化碳	○	○	○	○	○	○	○	○	
甲醛	√				√	√	√	另订	
环氧氯丙烷		○			○	○		另订	
苯乙烯		○			○	○		另订	
苯	○				○		○	另订	
总有机碳★									
GC/MS 鉴定★									
ICP 鉴定★									
毒理实验	○	○	○	○	○	○	○	○	
其他	根据具体条件和需要确定								

说明：

1.浸泡 30 天中，第一次（第一天）和最后一次（第三十天）全分析，中间四次测定感官指标、溶解性总固体、耗氧量和第

一次全分析的超标项目。

2.有★者为选测项目。

3.√ 由省级卫生行政部门认定的检验机构检验。

4.○ 由卫生部认定的检验机构检验。

5.检验机构应将本表内容向送检单位公布。

3.3　与生活饮用水接触的水处理材料检验项目

材质名称	聚丙烯微滤芯	中空纤维超滤膜	反渗透膜	粉末活性炭	颗粒活性炭	骨炭	锰砂	活性氧化铝	分子筛	硅藻土	离子交换树脂	麦饭石	天青石	新材料
色	√	√	√	√	√	√	√	√	√	√	√	√	√	√
浑浊度	√	√	√	√	√	√	√	√	√	√	√	√	√	√
臭和味	√	√	√	√	√	√	√	√	√	√	√	√	√	√
肉眼可见物	√	√	√	√	√	√	√	√	√	√	√	√	√	√
pH	√	√	√	√	√	√	√	√	√	√	√	√	√	√
溶解性总固体	√	√	√	√	√	√	√	√	√	√	√	√	√	√
耗氧量	√	√	√	√	√	√	√	√	√	√	√	√	√	√
砷	√	√	√	√	√	√	√	√	√	√	√	√	√	√
镉	√	√	√	√	√	√	√	√	√	√	√	√	√	√
铬(六价)	√	√	√	√	√	√	√	√	√	√	√	√	√	√
铝	√	√	√	√	√	√	√	√	√	√	√	√	√	√
铅	√	√	√	√	√	√	√	√	√	√	√	√	√	√
汞	√	√	√	√	√	√	√	√	√	√	√	√	√	√
三氯甲烷	√	√	√	√	√	√	√	√	√	√	√	√	√	√
挥发酚类	√	√	√	√	√	√	√	√	√	√	√	√	√	√
铁	√	√	√	√	√	√	√	√	√	√	√	√	√	√
锰	√	√	√	√	√	√	√	√	√	√	√	√	√	√
铜	√	√	√	√	√	√	√	√	√	√	√	√	√	√
锌	√	√	√	√	√	√	√	√	√	√	√	√	√	√
银	√	√	√	√	√	√	√	√	√	√	√	√	√	√
氟化物	√	√	√	√	√	√	√			√		√	√	√
硝酸盐氮	√	√	√	√	√	√	√			√	√	√	√	√
四氯化碳	√	√	√	√	√	√	√						√	√
总有机碳★														
总α总β放射性												√	√	√
GC/MS 鉴定★														
ICP 鉴定★														
毒理实验														√
其他	根据具体情况的需要确定													

说明：

1.用含有效氯的配制水浸泡样品 24 h±1 h 后取浸泡液测定。膜组件或其他可能被有效氯损坏的组件用纯水进行浸泡试验。

2. 有★者为选测项目。

3. √ 用作卫生安全性证明的检验由卫生部或省级卫生行政部门认定的检验机构检验。

4. 检验机构应将本表内容向送检单位公布。

3.4 生活饮用水化学处理剂检验项目

类别	混凝剂	聚合电解质	pH 调节剂	助凝剂	消毒剂	氟化剂	灭藻剂	矿化剂	新化学物质
类别与名称	硫酸亚铁氯化铁、结晶氯化铝、硫酸铝、聚合硫酸铁、聚合氯化铝	聚丙烯酰胺	硫酸、盐酸、氢氧化钠、氢氧化钙、碳酸钠、氧化钙	硅酸钠（水玻璃）	次氯酸钠、次氯酸钙、高锰酸钾	氟化钠、氟硅酸钠	硫酸铜	矿化溶液	
砷	√	√	√	√	√	√	√	√	○
镉	√	√	√	√	√	√	√	√	○
铬（六价）	√	√	√	√	√	√	√	√	○
铅	√	√	√	√	√	√	√	√	○
银	√	√	√	√	√	√	√	√	○
硒	√	√	√	√	√	√	√	√	○
汞	√	√	√	√	√	√	√	√	○
单体		丙烯酰胺							
总 α 总 β 放射性								√	
GC/MS 鉴定★									
ICP 鉴定★									
毒理实验									○
其他	根据具体条件和需要确定								

说明：

1.以矿物料为原料者需检验总 α、总 β 放射性。

2.单体取决于新产品的原料、配方和生产工艺。

3.√ 由省级卫生行政部门认定的检验机构检验。

4.○ 由卫生部认定的检验机构检验。

5.有★者为选测项目。

6.检验机构应将本表内容向送检单位公布。

3.5 生活饮用水水质处理器——一般水质处理器检验项目

3.5.1 一般水质处理器卫生安全性检验

水质处理器名称	活性炭	膜过滤	另加消毒组件	特种	其他
色度	√	√	√	√	√
浑浊度	√	√	√	√	√
臭和味	√	√	√	√	√
肉眼可见物	√	√	√	√	√
耗氧量	√	√	√	√	√

表（续）

水质处理器名称	活性炭	膜过滤	另加消毒组件	特种	其他
铅	√	√	√	√	√
镉	√	√	√	√	√
汞	√	√	√	√	√
铬(六价)	√	√	√	√	√
砷	√	√	√	√	√
挥发性酚	√	√	√	√	√
细菌总数	√	√	√	√	√
总大肠菌群	√	√	√	√	√
粪大肠菌群	√	√	√	√	√
银	√(如含有)				√
碘	√(如含有)				√
总有机碳★					
GC/MS 鉴定★					
ICP 鉴定★					
其他	根据具体条件和需要确定				

说明：

1.整机注入纯水于室温(25 ℃±5 ℃)浸泡 24 h±1 h,测定浸泡液。

2.含有消毒组件的水质处理器需检验所加的消毒剂成分,确定是否超过卫生要求。

3.有某些功能的水质处理器(如除氟、除砷、软化、阻垢等),应根据产品说明书,对样品清洗处理后,再用纯水浸泡,检验可能析出的成份。

4.具★号者为选测项目。

5.√ 由省级卫生行政部门认定的检验机构检验。

6.检验机构应将本表内容向送检单位公布。

3.5.2　一般水质处理器卫生功能性检验

3.5.2.1　总体性能试验

1.按照产品说明书,冲洗水质处理器样品。

2.按产品申请书载明的产水流量通入市政自来水。

3.根据额定产水总量计算,将全程分为四段。于正式通入水样之初(第 1 次采样)和 4/4 段结束(第 2 次采样)采集水样,共采集 2 批水样。此步骤可与 3.5.2.2 加标试验结合进行。

4.功能性检验均由卫生部认定的检验机构承担。

5.各次应有的检验项目见下表：

水质处理器名称	活性炭	膜过滤	另加消毒组件	特种	其他
色度	○	○	○	○	○
浑浊度	○	○	○	○	○
臭和味	○	○	○	○	○
肉眼可见物	○	○	○	○	○

表（续）

水质处理器名称	活性炭	膜过滤	另加消毒组件	特种	其他
pH	○	○	○	○	○
总硬度	○	○	○	○	○
铝	○	○	○	○	○
铁	○	○	○	○	○
锰	○	○	○	○	○
铜	○	○	○	○	○
锌	○	○	○	○	○
挥发酚类	○	○	○	○	○
硫酸盐	○	○	○	○	○
氯化物	○	○	○	○	○
溶解性总固体	○	○	○	○	○
耗氧量	○	○	○	○	○
砷	○	○	○	○	○
镉	○	○	○	○	○
铬（六价）	○	○	○	○	○
氰化物	○	○	○	○	○
氟化物	○	○	○	○	○
铅	○	○	○	○	○
汞	○	○	○	○	○
硝酸盐氮	○	○	○	○	○
硒	○	○	○	○	○
四氯化碳	○	○	○	○	○
三氯甲烷	○	○	○	○	○
细菌总数	○	○	○	○	○
总大肠菌群	○	○	○	○	○
粪大肠菌群	○	○	○	○	○
余氯	○	○	○	○	○
其他	根据申请产品功能增加项目				

3.5.2.2　加标试验

一般水质处理器卫生功能性检验步骤如下：

1.按照产品说明书，冲洗水质处理器样品。

2.按产品申请书载明的产水流量通入市政自来水。

3.根据额定产水总量计算，将全程分为四段。于正式通入水样之初（第 1 次采样），1/4 段末（第 2 次采样），2/4 段末（第 3 次采样），3/4 段末（第 4 次采样），4/4 段末（第 5 次采样）时通入加标水样（一定浓度污染物配成的试样）并采样检验，共采集 5 批水样。

4.如申报产品含有多种功能，则检验项目应增加各功能性项目。

5.一般水质处理器加标物浓度约相当于《生活饮用水水质卫生规范》(2001)允许值的3倍,此时要求各段去除率大于60%;相当于5倍允许值时,要求各段去除率大于80%。有活性炭组件者,耗氧量的去除率应≥25%。

6.另加消毒组件的水质处理器例如加渗银活性炭、碘树脂或臭氧发生器,须参照3,于正式通水样之初、1/4段末、2/4段末、3/4段末及4/4段末采集自来水样,测定银、碘或臭氧浓度。

7.功能性检验均由卫生部认定的检验机构承担。

8.各次应有检验项目见下表:

水质处理器名称	活性炭	膜过滤	另加消毒组件	特种	其他
浑浊度		○			
挥发酚类	○				
耗氧量	○				
四氯化碳	○				
三氯甲烷	○				
总大肠菌群*		○	○		
其他	根据申请产品功能增加项目				

* 总大肠菌群指标的加菌量为 $n\times10^2\sim2\times10^3/100\ mL$,出水总大肠菌群指标应符合《生活饮用水水质卫生规范》(2001)中对生活饮用水水质的要求;报告中应注明实际的加菌量。

3.6 生活饮用水水质处理器——矿化水器检验项目

3.6.1 矿化水器卫生安全性检验

矿化水器名称	矿化宏量元素(如钙)	矿化微量元素(如碘)	其他
色	√	√	√
浑浊度	√	√	√
臭和味	√	√	√
肉眼可见物	√	√	√
耗氧量	√	√	√
铅	√	√	√
镉	√	√	√
汞	√	√	√
铬(六价)	√	√	√
砷	√	√	√
挥发酚类	√	√	√
细菌总数	√	√	√
总大肠菌群	√	√	√
粪大肠菌群	√	√	√
总α放射性	√(以矿石为原料)	√(以矿石为原料)	√
总β放射性	√(以矿石为原料)	√(以矿石为原料)	√
银	√(如含有)	√(如含有)	√(如含有)

表(续)

矿化水器名称	矿化宏量元素(如钙)	矿化微量元素(如碘)	其他
碘	√(如含有)	√(如含有)	√(如含有)
总有机碳★			
GC/MS 鉴定★			
ICP 鉴定★			
其他	根据具体条件和需要确定		

说明:

1.整机注入纯水于室温(25 ℃±5 ℃)浸泡 24 h±1 h,测定浸泡液。

2.含有消毒组件的矿化水器需检验所加消毒剂成分,确定是否超过卫生要求。

3.如矿化水器中含有特殊部件,应检验有代表意义的项目。

4.具★号者为选测项目。

5.√ 由省级卫生行政部门认定的检验机构检验。

6.检验机构应将本表内容向送检单位公布。

3.6.2 矿化水器卫生功能检验

3.6.2.1 总体性能试验

根据额定产水总量计算,将全程分为四段。于正式通入水样之初(第 1 次采样)和 4/4 段末(第 2 次采样)各采水样,共采集 2 批水样。此步骤可与 3.6.2.2 浓度和稳定性试验结合进行。

各次检验项目见下表:

矿化水器名称	矿化宏量元素(如钙)	矿化微量元素(如碘)	其他
色	○	○	○
浑浊度	○	○	○
臭和味	○	○	○
肉眼可见物	○	○	○
pH	○	○	○
总硬度	○	○	○
铝	○	○	○
铁	○	○	○
锰	○	○	○
铜	○	○	○
锌	○	○	○
挥发酚类(以苯酚计)	○	○	○
硫酸盐	○	○	○
氯化物	○	○	○
溶解性总固体	○	○	○
耗氧量(以 O_2 计)	○	○	○
砷	○	○	○
镉	○	○	○

表（续）

矿化水器名称	矿化宏量元素（如钙）	矿化微量元素（如碘）	其他
铬（六价）	○	○	○
氰化物	○	○	○
氟化物	○	○	○
铅	○	○	○
汞	○	○	○
硝酸盐氮	○	○	○
硒	○	○	○
四氯化碳	○	○	○
三氯甲烷	○	○	○
细菌总数	○	○	○
总大肠菌群	○	○	○
粪大肠菌群	○	○	○
总α放射性	○	○	○
总β放射性	○	○	○
余氯	○	○	○
矿化物质	○	○	○
其他	根据申请产品功能增加项目		

3.6.2.2 浓度和稳定性试验

矿化水器中矿化物质的浓度和稳定性试验步骤如下：

1.按照产品说明书，冲洗矿化水器样品。

2.按产品申请书载明的产水流量通入市政自来水。

3.按额定产水总量计算，将全程分为 4 段。于正式通入水样之初（第 1 次采样）、1/4 段末（第 2 次）、2/4 段末（第 3 次）、3/4 段末（第 4 次）、4/4 段末（第 5 次）采集水样，共采集 5 批水样。

4.检验项目为申报的矿化物质，以证明各段水样中矿化项目的浓度和稳定性。

5.如申报产品含有多种功能，则检验项目应为能说明各种功能的检验项目之和。如含活性炭、膜过滤、消毒等组件，则另加 3.5.2.2 加标试验表中所列项目。

6.功能性检验均由卫生部认定的检验机构承担。

3.7 生活饮用水水质处理器——纯净水处理器检验项目

3.7.1 纯净水处理器卫生安全性检验

水质处理器名称	反渗透水器	纳滤水器	电渗析水器	蒸馏水器	其 他
色度	√	√	√	√	√
浑浊度	√	√	√	√	√
臭和味	√	√	√	√	√
肉眼可见物	√	√	√	√	√
耗氧量	√	√	√	√	√

表（续）

水质处理器名称	反渗透水器	纳滤水器	电渗析水器	蒸馏水器	其 他
铅	√	√	√	√	√
镉	√	√	√	√	√
汞	√	√	√	√	√
铬(六价)	√	√	√	√	√
砷	√	√	√	√	√
挥发酚类	√	√	√	√	√
细菌总数	√	√	√	√	√
总大肠菌群	√	√	√	√	√
粪大肠菌群	√	√	√	√	√
其他	根据具体条件和需要确定				

说明：

1.整机注入纯水于室温(25 ℃±5 ℃)浸泡 24 h±1 h,测定浸泡液。

2.含有消毒组件的纯净水处理器需检验所加消毒剂成分,确定是否超过卫生要求。

3.如纯净水处理器中含有特殊部件,应检验有代表意义的项目。

4.√ 由省级卫生行政部门认定的检验机构检验。

5.检验机构应将本表内容向送检单位公布。

3.7.2 纯净水处理器卫生功能性检验

3.7.2.1 总体性能试验

1.按照产品说明书冲洗纯净水处理器样品。

2.按产品申请载明的产水量通入市政自来水。

3.根据额定产水总量计算,将全程分为四段。于正式通入水样之初(第 1 次采样)和 4/4 段结束(第 2 次采样)各采集水样,共采集 2 批水样。此步骤可与 3.7.2.2 加标试验结合进行。

4.功能性检验均由卫生部认定检验机构承担。

5.各次应有的检验项目见下表:

纯净水处理器名称	反渗透水器	纳滤水器	电渗析水器	蒸馏水器	其 他
色度	○	○	○	○	○
浑浊度	○	○	○	○	○
臭和味	○	○	○	○	○
肉眼可见物	○	○	○	○	○
pH	○	○	○	○	○
总硬度	○	○	○	○	○
铝	○	○	○	○	○
铁	○	○	○	○	○
锰	○	○	○	○	○
铜	○	○	○	○	○
锌	○	○	○	○	○

表（续）

纯净水处理器名称	反渗透水器	纳滤水器	电渗析水器	蒸馏水器	其他
挥发酚类	○	○	○	○	○
硫酸盐	○	○	○	○	○
氯化物	○	○	○	○	○
溶解性总固体	○	○	○	○	○
耗氧量	○	○	○	○	○
砷	○	○	○	○	○
镉	○	○	○	○	○
铬(六价)	○	○	○	○	○
氰化物	○	○	○	○	○
氟化物	○	○	○	○	○
铅	○	○	○	○	○
汞	○	○	○	○	○
硝酸盐氮	○	○	○	○	○
硒	○	○	○	○	○
四氯化碳	○	○	○	○	○
三氯甲烷	○	○	○	○	○
细菌总数	○	○	○	○	○
总大肠菌群	○	○	○	○	○
粪大肠菌群	○	○	○	○	○
余氯	○	○	○	○	○
总有机碳★	○	○	○	○	○
其他	根据具体条件和需要确定				

★为选测项目。

3.7.2.2　加标试验

纯净水处理器卫生功能性加标步骤如下：

1.按照产品说明书，冲洗纯净水处理器样品。

2.按产品申请书载明的产水流量通入市政自来水。

3.根据额定产水总量计算，将全程分为四段。于正式通入水样之初为（第1次采样）、1/4段末（第2次采样），2/4段末（第3次采样），3/4段末（第4次采样），4/4段末（第5次采样）时通入加标水样[一定浓度污染物配成的试样。试样的配制方法见《生活饮用水水质处理器卫生安全与功能评价规范——反渗透处理装置》(2001)表5和表6]并采样检验，共采集5批水样。

4.如申报产品含有多种功能，则检验项目应增加各功能性项目。

5.反渗透水器的加标浓度见《生活饮用水水质处理器卫生安全与功能评价规范——反渗透处理装置》(2001)表5和表6的规定，去除率要求见同表；其他纯净水处理器参照此法，但去除率不提要求。

6.功能性检验均由卫生部认定的检验机构承担。

7.各次应有检验项目见下表：

纯净水处理器名称	反渗透水器	纳滤水器	电渗析水器	蒸馏水器	其他
砷	○	○	○	○	○
镉	○	○	○	○	○
铬(六价)	○	○	○	○	○
氟化物	○	○	○	○	○
铅	○	○	○	○	○
硝酸盐氮	○	○	○	○	○
三氯甲烷	○	○	○	○	○
四氯化碳	○	○	○	○	○
其他	根据具体条件和需要确定				

3.8 生活饮用水水质处理器——大型水质处理器检测项目

大型水质处理器	活性炭	膜过滤	反渗透	纳滤	另加消毒组件	除铁锰	除氟砷	其他
色度	√	√	√	√		√	√	√
浑浊度	√	√	√	√		√	√	√
臭和味	√	√	√	√		√	√	√
肉眼可见物	√	√	√	√		√	√	√
pH	√	√	√	√		√	√	√
总硬度	√	√	√	√				
铝	√	√	√	√		√	√	
铁	√	√	√	√		√	√	
锰	√	√	√	√		√	√	
铜	√	√	√	√	有 KDF 者√			
锌	√	√	√	√	有 KDF 者√			
挥发酚类	√	√	√	√				
硫酸盐	√	√	√	√			√	
氯化物	√	√	√	√			√	
溶解性总固体	√	√	√	√			√	
耗氧量	√	√	√	√				
砷	√	√	√	√			√	
镉	√	√	√	√				
铬(六价)	√	√	√	√				
氰化物	√	√	√	√				
氟化物	√	√	√	√			√	
铅	√	√	√	√				
汞	√	√	√	√				
硝酸盐氮	√	√	√	√				

表（续）

大型水质处理器	活性炭	膜过滤	反渗透	纳滤	另加消毒组件	除铁锰	除氟砷	其他
硒	√	√	√	√				
四氯化碳	√	√	√	√				
三氯甲烷	√	√	√	√				
细菌总数	√	√	√	√	√		√	√
总大肠菌群	√	√	√	√	√		√	√
粪大肠菌群	√	√	√	√	√		√	√
总α放射性						√		
总β放射性						√		
余氯								
总有机碳★			√	√				
其他	根据具体条件和需要确定							

说明：

1.按照产品说明书冲洗大型水质处理器直至能正常工作。

2.正常运转后，采集原水和处理后水样；继续运转14个工作日后，再次采集原水和处理后水样作为检验。

3.如申报产品含有多种功能，则检验项目应为反映各功能的检验项目的总和。

4.有★者为选测项目。

5.国产产品由省级卫生行政部门认定的检验机构检验；进口产品由卫生部委托进行。

6.KDF为处理水用的铜锌合金材料。

7.检验机构应将本表内容向送检单位公布。